はじめに

Excelは日常業務の様々なシーンで使われており、Excelの便利な機能を使いこなすことは、業務効率の向上に直結します。

本書は、業務効率の向上を図りたい方を対象に、Excelの便利な機能を習得していただくことを目的としています。Excelの基本でもあるデータ入力や表作成だけでなく、データ活用に必要不可欠な関数やグラフ、データベースなど、テーマごとに構成しているため、知りたいテーマから効率よく学習できます。また、短縮できる作業時間を記載している項目では、使いこなすことでどれだけ作業スピードが上がるのかを確認することができます。

本書を通して、Excelの知識を深め、実務に活かしていただければ幸いです。

なお、基本機能の習得には、次のテキストをご利用ください。

- Excel 2016をお使いの方
  「よくわかる Microsoft Excel 2016 基礎」(FPT1526)
  「よくわかる Microsoft Excel 2016 応用」(FPT1527)
- Excel 2013をお使いの方
  「よくわかる Microsoft Excel 2013 基礎」(FPT1517)
  「よくわかる Microsoft Excel 2013 応用」(FPT1518)
- Excel 2010をお使いの方
  「よくわかる Microsoft Excel 2010 基礎」(FPT1003)
  「よくわかる Microsoft Excel 2010 応用」(FPT1004)

> **本書を購入される前に必ずご一読ください**
> 本書は、2018年8月現在のExcel 2016(16.0.10228.20134)、Excel 2013(15.0.5049.1000)、Exce 2010(14.0.7212.5000)に基づいて解説しています。
> Windows Updateによって機能が更新された場合には、本書の記載のとおりに操作できなくなる可能性があります。あらかじめご了承のうえ、ご購入・ご利用ください。

2018年10月1日
FOM出版

◆Microsoft、Excel、Windows、OneDriveは、米国Microsoft Corporationの米国およびその他の国における登録商標または商標です。
◆その他、記載されている会社および製品などの名称は、各社の登録商標または商標です。
◆本文中では、TMや®は省略しています。
◆本文中のスクリーンショットは、マイクロソフトの許可を得て使用しています。
◆本文およびデータファイルで題材として使用している個人名、団体名、商品名、ロゴ、連絡先、メールアドレス、場所、出来事などは、すべて架空のものです。実在するものとは一切関係ありません。
◆本書に掲載されているホームページは、2018年8月現在のもので、予告なく変更される可能性があります。

Contents | 目次

■本書をご利用いただく前に　……………………………………… 1

■第1章　データ入力がラクになる11の技 ……………………… 5

1 オートフィルで連番をらくらく入力する　…………………… 6

2 指定した番号まで連番を一気に入力する　………………… 8

3 郵便番号から住所を効率よく入力する　…………………… 10

4 数字や数式を文字列として入力する　……………………… 11

5 同じデータを一括入力する　………………………………… 12

6 入力候補のリストから選択して入力する　………………… 14

7 ジャンプで空白セルを素早く選択する　…………………… 16

8 キー操作だけで表を自由自在に選択する　………………… 18
　●表全体を選択する　…………………………………………… 18
　●表の行または列を選択する　………………………………… 19

9 ショートカットキーで操作時間を短縮する　………………… 20
　●シートを切り替える　………………………………………… 20
　●データを検索する　…………………………………………… 21
　●アクティブセルを移動する　………………………………… 22
　●《セルの書式設定》ダイアログボックスを表示する　……… 23
　●セルを編集する　……………………………………………… 24
　●《関数の挿入》ダイアログボックスを表示する　…………… 24

10 アドレスにハイパーリンクを設定しない　………………… 28

11 オートコンプリートの入力候補を表示しない　…………… 30

■第2章　見やすい表を作る12の技 ………………………… 31

1 1つのセルに日付と曜日を表示する　………………………… 32

2 数値の前に0を表示する　…………………………………… 34

3 見せたくない数値や数式を隠す　…………………………… 36

4 文字列の長さに合わせて列幅を調整する　………………… 38

5 セルを結合せずに範囲の中央に文字を配置する　………… 40

6 条件を満たす行に色を付ける　……………………………… 42

7 土曜日と日曜日の列に色を付ける　………………………… 44

8 重複したデータを探す　……………………………………… 48
　●重複データを確認する　……………………………………… 48
　●重複データを削除する　……………………………………… 50

i

9 表示されているセルだけをコピーする ……………… 52
　● 列を非表示にする ……………… 52
　● 可視セルをコピーする……………… 53

10 表の列幅を変えずにコピーする ……………… 54

11 セルの値だけを貼り付ける ……………… 56

12 表の行列を入れ替えて貼り付ける ……………… 58

■第3章　知らないと損する便利な関数13の技 ……………… **59**

1 SUM関数をボタン1つで入力する 〔SUM関数〕 ……………… 60

2 列全体の数値を合計する 〔SUM関数〕 ……………… 64

3 データの種類ごとにセルの個数を数える
　〔COUNTA関数〕 〔COUNTBLANK関数〕 ……………… 66

4 条件をもとに結果を表示する 〔IF関数〕 ……………… 68

5 条件を満たす数値を合計する 〔SUMIF関数〕 ……………… 71

6 条件を満たすセルの個数を求める 〔COUNTIF関数〕 ……………… 72

7 複数の条件を満たす数値を合計する 〔SUMIFS関数〕 ……………… 74

8 複数の条件を満たすセルの個数を求める 〔COUNTIFS関数〕 ……… 76

9 参照表から目的のデータを取り出す 〔VLOOKUP関数〕 …………… 78

10 行と列を指定して参照表からデータを取り出す
　〔INDEX関数〕 〔MATCH関数〕 ……………… 80

11 数式がエラーの場合メッセージを表示する 〔IFERROR関数〕 ……… 82

12 日付を計算して勤続年月を求める
　〔DATEDIF関数〕 〔CONCATENATE関数〕 ……………… 84

13 都道府県名とそれ以外の住所を別のセルに分割する
　〔IF関数〕 〔MID関数〕 〔LEFT関数〕 〔RIGHT関数〕 〔LEN関数〕 ……………… 86

■第4章　伝わるグラフを作る6の技 ……………… **89**

1 グラフの基本！最適なグラフを選ぶ ……………… 90
　● 数値を比較する ……………… 91
　● 比率を見る ……………… 92
　● 推移を見る ……………… 93
　● バランスを見る ……………… 94
　● 分布を見る ……………… 95

2 グラフにレイアウトを適用してデザインを変更する ……………… 96

3 複合グラフで種類の異なるデータを表示する ……………… 98

4 軸を調整して見やすいグラフに変更する ……………… 102
　● 値軸の最大値を変更する ……………… 102
　● 項目軸の目盛の単位と位置を変更する ……………… 104

5 途切れた折れ線グラフの線をつなぐ ……………… 106

6 折れ線グラフに未来の予測値を表示する ……………… 108

第1章
第2章
第3章
第4章
第5章
第6章
第7章
索引

ii

■第5章　データを思い通りに集計する11の技 …………………… 111

1　データを活用するために表をテーブルに変換する …………… 112
2　テーブルの項目名で数式を作成する ………………………… 116
3　集計行を追加して合計を表示する ………………………… 118
4　並べ替えのルールを設定する ……………………………… 120
5　条件に合ったデータだけを抽出する ………………………… 123
6　項目を入れ替えてクロス集計する ………………………… 126
7　ピボットテーブルの集計方法を変更する ………………… 130
8　日付のデータをグループ化して集計する ………………… 134
9　スライサーで集計対象を絞り込む ………………………… 136
10　目標を達成するために必要な数値を逆算する ……………… 140
11　条件を設定して複数の最適値を求める ……………………… 142
　　●ソルバーアドインを追加する ……………………………… 142
　　●ソルバーで最適値を求める ……………………………… 144

■第6章　ブックの共有を安全に行う6の技 …………………… 147

1　シートを保護して誤ったデータの書き換えを防ぐ ………… 148
2　パスワードで編集できるユーザーを制限する ……………… 152
3　ブックを保護してシート構成の変更を防ぐ ……………… 155
4　ブックを暗号化してデータを保護する …………………… 156
5　ドキュメント検査を実行して情報漏えいを防ぐ ………… 158
6　ブックをほかのユーザーと共同編集する ………………… 160
　　●ブックをOneDrive for Businessにアップロードする ………… 161
　　●OneDrive for Businessに保存したブックを共有する ……… 163
　　●アクセスを許可されたブックを開いて共同編集する ……… 165

■第7章　意外と知らない印刷6の技 …………………………… 167

1　改ページプレビューで印刷する範囲を自由に設定する ……… 168
2　表の見出しを全ページに印刷する ………………………… 172
3　エラー表示を印刷しない ………………………………… 174
4　1ページに収めて印刷する ………………………………… 176
5　ページ設定を複数のシートにまとめてコピーする ………… 178
6　複数の箇所を選択して別のページに印刷する ……………… 180

■索　引 ……………………………………………………… 183

Introduction 本書をご利用いただく前に

本書で学習を進める前に、ご一読ください。

1 本書の記述について

操作の説明のために使用している記号には、次のような意味があります。

記述	意味	例
□	キーボード上のキーを示します。	Ctrl　F4
□+□	複数のキーを押す操作を示します。	Ctrl+C（Ctrlを押しながらCを押す）
《　》	ダイアログボックス名やタブ名、項目名など画面の表示を示します。	《セルの書式設定》ダイアログボックスが表示されます。《挿入》タブを選択します。
「　」	重要な語句や機能名、画面の表示、入力する文字などを示します。	「ブック」といいます。「東京都」と入力します。

 短縮できるおおよその操作時間　　※　補足的な内容や注意すべき内容

 知っておくと便利なワザ　　Point　知っておくべき重要な内容

　　　　　　　　　　　　　　　　2016　Excel 2016の操作方法

 学習の前に開くファイル　　2013　Excel 2013の操作方法

　　　　　　　　　　　　　　　　2010　Excel 2010の操作方法

操作　　操作方法

2 製品名の記載について

本書では、次の名称を使用しています。

正式名称	本書で使用している名称
Windows 10	Windows 10 または Windows
Microsoft Office 2016	Office 2016 または Office
Microsoft Excel 2016	Excel 2016 または Excel
Microsoft Excel 2013	Excel 2013 または Excel
Microsoft Excel 2010	Excel 2010 または Excel

本書をご利用いただく前に

3 学習環境について

本書を学習するには、次のソフトウェアが必要です。

●Excel 2016
●Excel 2013
●Excel 2010

本書を開発した環境は、次のとおりです。

・OS：Windows 10（ビルド17134.165）
・アプリケーションソフト：Microsoft Office Professional Plus 2016
  　　　　　　　　　　　　（16.0.10228.20134）
  　　　　　　　　　　　　Microsoft Office Professional Plus 2013
  　　　　　　　　　　　　（15.0.5049.1000）
  　　　　　　　　　　　　Microsoft Office Professional Plus 2010 SP2
  　　　　　　　　　　　　（14.0.7212.5000）
・ディスプレイ：画面解像度　1024×768ピクセル

※インターネットに接続できる環境で学習することを前提に記述しています。
※環境によっては、画面の表示が異なる場合や記載の機能が操作できない場合があります。

◆画面解像度の設定
画面解像度を本書と同様に設定する方法は、次のとおりです。

① デスクトップの空き領域を右クリックします。

②《ディスプレイ設定》をクリックします。

③《解像度》の ∨ をクリックし、一覧から《1024×768》を選択します。

※確認メッセージが表示される場合は、《変更の維持》をクリックします。

◆ボタンの形状
ディスプレイの画面解像度やウィンドウのサイズなど、お使いの環境によって、ボタンの形状やサイズが異なる場合があります。ボタンの操作は、ポップヒントに表示されるボタン名を確認してください。

※本書に掲載しているボタンは、ディスプレイの画面解像度を「1024×768ピクセル」、ウィンドウを最大化した環境を基準にしています。

4 学習ファイルのダウンロードについて

本書で使用するファイルは、FOM出版のホームページで提供しています。
ダウンロードしてご利用ください。

ホームページ・アドレス

http://www.fom.fujitsu.com/goods/

ホームページ検索用キーワード

FOM出版

◆ダウンロード

学習ファイルをダウンロードする方法は、次のとおりです。

① ブラウザーを起動し、FOM出版のホームページを表示します。

※アドレスを直接入力するか、キーワードでホームページを検索します。

② 《ダウンロード》をクリックします。

③ 《アプリケーション》の《Excel》をクリックします。

④ 《エクセル65の使い方改革　知らないと損するExcel仕事術　FPT1804》をクリックします。

⑤ 「fpt1804.zip」をクリックします。

⑥ ダウンロードが完了したら、ブラウザーを終了します。

※メッセージが表示される場合は、《保存》をクリックします。

※ダウンロードしたファイルは、パソコン内のフォルダー「ダウンロード」に保存されます。

◆ダウンロードしたファイルの解凍

ダウンロードしたファイルは圧縮されているので、解凍（展開）します。

ダウンロードしたファイル「fpt1804.zip」を《ドキュメント》に解凍する方法は、次のとおりです。

① デスクトップ画面を表示します。

② タスクバーの ■ （エクスプローラー）をクリックします。

③ 《ダウンロード》をクリックします。

※《ダウンロード》が表示されていない場合は、《PC》をクリックします。

④ フォルダー「fpt1804」を右クリックします。

⑤ 《すべて展開》をクリックします。

⑥ 《参照》をクリックします。

⑦ 《ドキュメント》をクリックします。

※《ドキュメント》が表示されていない場合は、《PC》をクリックします。

⑧ 《フォルダーの選択》をクリックします。

⑨ 《ファイルを下のフォルダーに展開する》が「C:¥Users¥（ユーザー名）¥Documents」に変更されます。

⑩ 《完了時に展開されたファイルを表示する》を ✔ にします。

⑪ 《展開》をクリックします。

⑫ ファイルが解凍され、《ドキュメント》が開かれます。

⑬ フォルダー「エクセル65の使い方改革」が表示されていることを確認します。

※すべてのウィンドウを閉じておきましょう。

◆学習ファイルの一覧

フォルダー「**エクセル65の使い方改革**」には、学習ファイルが入っています。タスクバーの ▭ （エクスプローラー）→《**PC**》→《**ドキュメント**》をクリックし、一覧からフォルダーを開いて確認してください。

◆学習ファイルの場所

本書では、学習ファイルの場所を《**ドキュメント**》内のフォルダー「**エクセル65の使い方改革**」としています。《**ドキュメント**》以外の場所に解凍した場合は、フォルダーを読み替えてください。

◆学習ファイル利用時の注意事項

ダウンロードした学習ファイルを開く際、そのファイルが安全かどうかを確認するメッセージが表示される場合があります。学習ファイルは安全なので、《**編集を有効にする**》をクリックして、編集可能な状態にしてください。

5　本書の最新情報について

本書に関する最新のＱ＆Ａ情報や訂正情報、重要なお知らせなどについては、ＦＯＭ出版のホームページでご確認ください。

ホームページ・アドレス

http://www.fom.fujitsu.com/goods/

ホームページ検索用キーワード

FOM出版

第1章

データ入力がラクになる
11の技

1	オートフィルで連番をらくらく入力する	6
2	指定した番号まで連番を一気に入力する	8
3	郵便番号から住所を効率よく入力する	10
4	数字や数式を文字列として入力する	11
5	同じデータを一括入力する	12
6	入力候補のリストから選択して入力する	14
7	ジャンプで空白セルを素早く選択する	16
8	キー操作だけで表を自由自在に選択する	18
9	ショートカットキーで操作時間を短縮する	20
10	アドレスにハイパーリンクを設定しない	28
11	オートコンプリートの入力候補を表示しない	30

1 オートフィルで連番をらくらく入力する

Excelで商品一覧や顧客一覧などのリストを作成するときは、連番を振っておくと、リストを並べ替えたときにもとの並びに戻したり、リストが何件あるのかを把握したりできるので、データを管理するのに役立ちます。

連番には、「1、2、3…」のように単純に数字が連続するものから、「A-001、A-002、A-003…」のように文字と数字を組み合わせたものなど、様々な形式があります。このような連番を1件1件入力するのは、効率がいいとはいえません。

「オートフィル」を使うと、ドラッグするだけで簡単に連番を入力できます。また、隣接するセルにデータが入力されている場合は、■(フィルハンドル)をダブルクリックするだけで、データの最終行を自動的に認識して最終行まで連番を振ることができます。

File Open ブック「1-1」を開いておきましょう。

> **操作** セルを選択→セル右下の■(フィルハンドル)をダブルクリック/ドラッグ

操作

①セル【B4】に「A-001」と入力します。

②セル【B4】を選択します。

③セル右下の■(フィルハンドル)をポイントし、マウスポインターの形がに変わったらダブルクリックします。

※■(フィルハンドル)をドラッグしてもかまいません。

④数字が1ずつ増加する連番が入力されます。

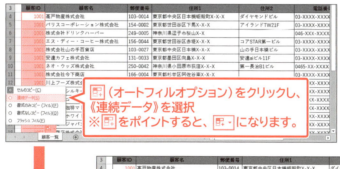

※スクロールして、最後のセルまで連番が入力されていることを確認しておきましょう。
※セル【B4】を選択し、[End]+[↓]を押すと、アクティブセルが最終セルに移動します。キーボードによっては、[Fn]+[End]+[↓]を押します。

Point オートフィルオプションを使って連番を入力する

数字のデータの場合や隣接するセルにデータが入力されていない場合、セル右下の■（フィルハンドル）をダブルクリックしても連番を入力できません。
そのようなときは、■（フィルハンドル）をドラッグすると表示される（オートフィルオプション）を使って、データを連番に変更します。

Point オートフィルを使って入力できる連続データ

オートフィルは、数字はもちろん、「年」「月」「日」「時間」などの日付や曜日、「第1回、第2回…」「第1四半期、第2四半期…」といった規則性のあるデータも連続データとして入力できます。
また、数値を入力した2つのセルを指定してオートフィルを実行すると、1つ目のセルの数値と2つ目のセルの数値の差分をもとに、連続データが入力されます。

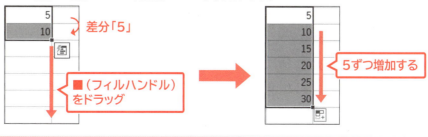

7

2 指定した番号まで連番を一気に入力する

大量のデータを入力する予定のリストを作成する場合、最初に連番を入力しておくこともあります。例えば、「1〜500」までの連番を入力する場合、オートフィルを使ってフィルハンドルをドラッグするのでは広範囲になり大変です。また、隣接するセルにデータが入力されていないので、ダブルクリックによるオートフィルも実行できません。このようなときは、《連続データ》ダイアログボックスを使うと効率的です。《連続データ》ダイアログボックスを使うと、増分値（連続データの増加する間隔）や停止値（連続データの最大値）などを指定して連番を振ることができます。

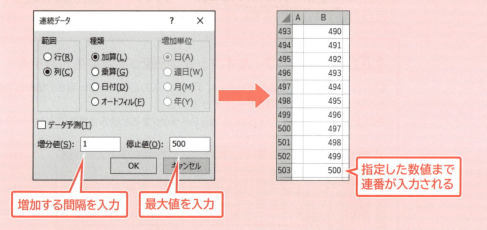

増加する間隔を入力　　最大値を入力　　指定した数値まで連番が入力される

File Open ブック「1-2」を開いておきましょう。

操作 セルを選択→《ホーム》タブ→《編集》グループの ▼ （フィル）→《連続データの作成》

操作

① セル【B4】に「1」と入力します。
② セル【B4】を選択します。
③ 《ホーム》タブ→《編集》グループの ▼ （フィル）→《連続データの作成》をクリックします。

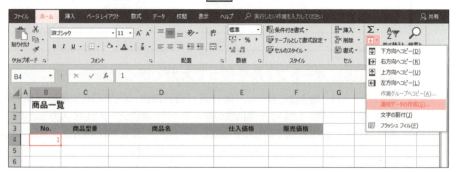

④ 《連続データ》ダイアログボックスが表示されます。
⑤ 《範囲》の《列》を ⦿ にします。
⑥ 《種類》の《加算》が ⦿ になっていることを確認します。
⑦ 《増分値》に「1」と入力します。
⑧ 《停止値》に「500」と入力します。

⑨《OK》をクリックします。

⑩指定した数値まで1ずつ増加する連番が入力されます。

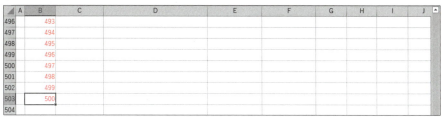

※セル【B4】を選択し、[End]+[↓]を押して、連番の最後のセルを確認しておきましょう。キーボードによっては、[Fn]+[End]+[↓]を押します。

Point　1行おきに色を付ける

オートフィルは連続データを入力する以外に、書式もコピーすることができます。背景色を付けた行と付けていない行を選択して、オートフィルを実行し、書式のみをコピーすると、1行おきに色を付けることができます。

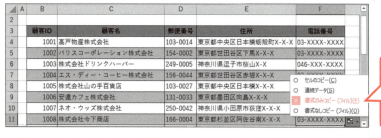

《書式のみコピー（フィル）》を選択すると、1行おきに色が付く

Point　フィルオプションを表示して連続データを入力する

オートフィルを実行するときは、マウスの左ボタンを押しながらドラッグしますが、マウスの右ボタンを押しながらドラッグすると、データのコピー方法を選択する「フィルオプション」が表示されます。
データのコピー方法が決まっている場合は、マウスの右ボタンを押しながらドラッグして、フィルオプションを表示すると効率的です。

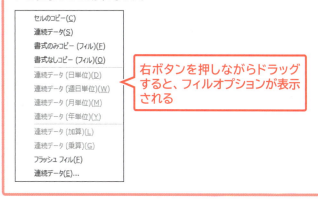

右ボタンを押しながらドラッグすると、フィルオプションが表示される

3 郵便番号から住所を効率よく入力する

30秒短縮

住所録や名簿で住所を入力しているときに読めない地名がある場合、読みを調べたり一文字ずつ入力したりしていると手間がかかります。
このようなときは、IME（日本語入力システム）の機能を利用して、郵便番号から住所に変換します。郵便番号から変換できる住所には、「都道府県」「市区町村」「町域」まで含まれているので、あとは番地を入力するだけで完了です。

File Open

ブック「1-3」を開いておきましょう。

操作 入力モードを あ にする→郵便番号を入力→ 変換 ／ ⬚ （スペース）

操作

① 入力モードを あ にします。

② セル【E4】を選択します。

③「103-0014」と入力します。

※全角でも半角でもかまいません。数値の間は「－（ハイフン）」で区切ります。

	A	B	C	D	E	F	G
1		**顧客一覧**					
2							
3		顧客ID	顧客名	郵便番号	住所1	住所2	電話番号
4		1001	髙戸物産株式会社	103-0014	103-0014		
5					"103-0014" ✕ 🔍		
6					Tab キーで予測候補を選択		
7							
8							
9							
10							
11							
12							

④ 変換 を2回押します。

⑤ 変換候補の一覧が表示されます。

※変換候補の一覧に住所が表示されない場合は、 般 （変換モード）を 名 にし、操作手順③から操作してください。

⑥ 一覧から住所を選択し、 Enter を2回押します。

	A	B	C	D	E	F	G
3		顧客ID	顧客名	郵便番号	住所1	住所2	電話番号
4		1001	髙戸物産株式会社	103-0014	東京都中央区日本橋蛎殻町		
5					1　103-0014		
6					2　１０３－００１４		
7					3　東京都中央区日本橋蛎殻町 ≫		
8							
9							
10							
11							
12							

⑦ 郵便番号に対応する住所が入力されます。

	A	B	C	D	E	F	G
3		顧客ID	顧客名	郵便番号	住所1	住所2	電話番号
4		1001	髙戸物産株式会社	103-0014	東京都中央区日本橋蛎殻町		
5							
6							
7							
8							
9							
10							
11							
12							

4 数字や数式を文字列として入力する

便利ワザ

Excelでは、「=(イコール)」や「／(スラッシュ)」、「@(アットマーク)」で始まるデータを入力すると、数式やメニュー操作、関数と判断されて、正しく入力できないことがあります。また、「3-1」や「(1)」と入力すると、日付やマイナス値と判断されて、入力したとおりに表示されません。
入力したデータをそのままセルに表示したい場合は、セルの先頭に「'(シングルクォーテーション)」を付けます。「'(シングルクォーテーション)」には、それ以降に入力された数字や数式を文字列として表示させる働きがあるため、入力したデータをそのまま表示できます。

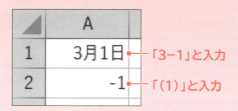
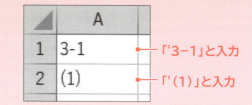

File Open　ブック「1-4」を開いておきましょう。

> 操作　セルを選択→「'(シングルクォーテーション)」を入力→数字や数式を入力

操作

① セル【C3】を選択します。
② 「'(シングルクォーテーション)」を入力し、続けて「3-1」と入力します。
③ Enter を押します。

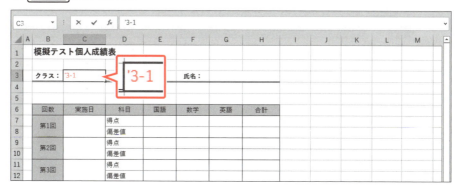

④ 文字列として入力されます。

11

5 同じデータを一括入力する

商品一覧に同じ分類名を入力する、名簿に同じ部署名を入力する、スケジュール表に何日か続く作業の名称を入力するなど、繰り返し同じ内容を入力するときに1件ずつ入力するのは効率的ではありません。
このようなときは、同じ内容を入力する範囲をあらかじめ選択してからデータを入力し、最後に Ctrl + Enter を押すと、すべてのセルに入力できます。1つのセルに入力するのと同じ時間で、100でも200でも必要なセルへの入力が完了します。覚えておくと作業効率が格段に上がります。

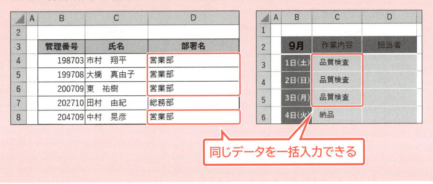

同じデータを一括入力できる

File Open ブック「1-5」を開いておきましょう。

操作 セル範囲を選択 → データを入力 → Ctrl + Enter

操作
① セル範囲【H4:H8】を選択します。
② Ctrl を押しながら、セル範囲【H12:H13】を選択します。

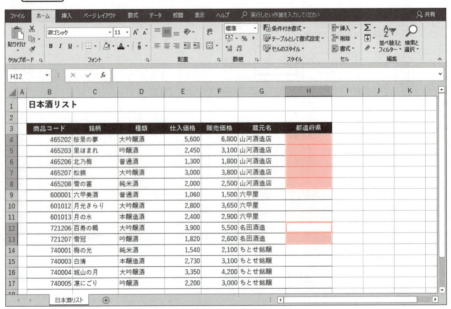

③「新潟県」と入力します。
④ Ctrl + Enter を押します。

⑤選択したセル範囲に同じデータが一括入力されます。
⑥同様に、セル範囲【H9:H11】、セル範囲【H14:H17】に「京都府」と入力します。

> **Point** 隣り合ったセルと同じデータを入力する
>
> 1行上や1列左のセルと同じデータを入力する場合、簡単にデータをコピーできます。勤務表に前日と同じ時刻をコピーするときなど、効率よく入力できます。
>
>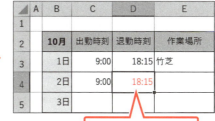
>
> 1行上のセルのデータをコピー
> ◆データを入力するセル範囲を選択→ Ctrl + D
>
> 1列左のセルのデータをコピー
> ◆データを入力するセル範囲を選択→ Ctrl + R

13

6 入力候補のリストから選択して入力する

大量のデータを複数名で分担して入力すると、同じデータを入力しても「Ｅｘｃｅｌ」と「Excel」のように全角と半角が混在したり、「ドライバー」と「ドライバ」のように表記がそろわなかったりすることがあります。入力後に、入力ミスがないかどうかを確認して、修正するのは大変な作業です。
このようなときは、データをリストから選択して入力できるように「入力規則」を設定しておくと、入力ミスを減らせるだけでなく、入力作業を軽減することができます。入力候補用のリストは、同じブック内であれば、どこに作成してもかまいません。

File Open ブック「1-6」を開いておきましょう。

操作

- **2016** セル範囲を選択→《データ》タブ→《データツール》グループの ■ (データの入力規則)
- **2013** セル範囲を選択→《データ》タブ→《データツール》グループの ［データの入力規則］ (データの入力規則)
- **2010** セル範囲を選択→《データ》タブ→《データツール》グループの ［データの入力規則］ (データの入力規則)

操作

① セル範囲【D4:D30】を選択します。
② **2016** 《データ》タブ→《データツール》グループの ■ (データの入力規則)をクリックします。
　 2013 《データ》タブ→《データツール》グループの ［データの入力規則］ (データの入力規則)をクリックします。
　 2010 《データ》タブ→《データツール》グループの ［データの入力規則］ (データの入力規則)をクリックします。

③《データの入力規則》ダイアログボックスが表示されます。
④《設定》タブを選択します。

⑤《入力値の種類》の▽をクリックし、一覧から《リスト》を選択します。
⑥《ドロップダウンリストから選択する》を✓にします。
⑦《元の値》にカーソルを表示し、セル範囲【H4:H7】を選択します。
※《元の値》に「=$H$4:$H$7」と表示されます。
⑧《OK》をクリックします。

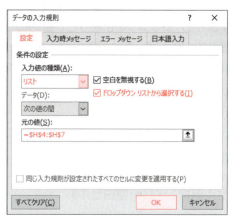

⑨セル【D4】を選択します。
⑩▽をクリックし、一覧から「自由が丘」を選択します。

⑪「自由が丘」と表示されます。
⑫同様に、E列に講座名が表示されるようにリストを設定し、セル【E4】にリストから「パン初級コース」を選択します。

Point ドロップダウンリストから同じデータを入力する

同じ列内のセルに連続してデータが入力されている場合、[Alt]+[↓]を押すと、入力済みのデータがリストとして表示されるため、そのリストからデータを選択して入力できます。

[↑]または[↓]を押して選択し、[Enter]を押すとデータを入力できる

15

7 ジャンプで空白セルを素早く選択する

30秒短縮

Excelで作業をしていると、空白のセルを探してデータを入力することがよくあります。このようなときは、目視で探すよりも「ジャンプ」を使うと、目的のセルに素早く移動し、確実に選択できるので便利です。例えば、表内の空白セルをまとめて選択すれば、データを順番に入力したり、まとめて入力したりすることもできるので、確実に空白セルへの入力が行えます。

File Open

ブック「1-7」を開いておきましょう。

操作　セル範囲を選択→ F5 →《セル選択》→《◉空白セル》

操作

① セル【B3】を選択します。
※表内のセルであれば、どこでもかまいません。
② Ctrl + A を押します。
③ 表が選択されます。
④ F5 を押します。

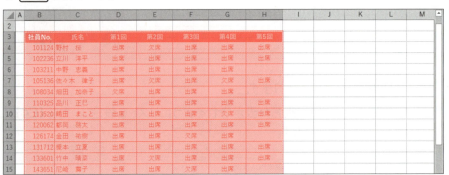

⑤《ジャンプ》ダイアログボックスが表示されます。
⑥《セル選択》をクリックします。

⑦《選択オプション》ダイアログボックスが表示されます。
⑧《空白セル》を◉にします。

⑨《OK》をクリックします。

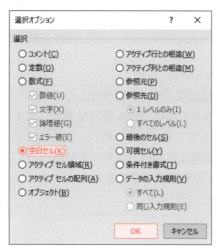

⑩表内の空白セルがすべて選択されます。

⑪「欠席」と入力し、 Ctrl + Enter を押します。

※ Ctrl + Enter を押すと、同じデータをまとめて入力できます。

⑫選択したすべてのセルに「欠席」と入力されます。

※セル範囲【D4:H25】には、「欠席」と入力した場合、赤字で表示されるように条件付き書式を設定しています。

> **Point** ジャンプを使ってセルを選択する
>
> 《ジャンプ》ダイアログボックスの《参照先》に選択したいセル番地を入力すると、そのセルを選択できます。また、《参照先》には、セルやセル範囲を複数指定することもできます。セル範囲を選択する場合は「B3:H27」、連続しないセルを選択する場合は「B3, H10」のように入力します。

8 キー操作だけで表を自由自在に選択する

Excelの操作にセル範囲の選択は必須です。合計を出したり、条件付き書式を設定したり、背景色を設定したりなど、様々な操作でセル範囲を選択します。狭い範囲の選択であればマウス操作で簡単にドラッグできますが、何ページにも渡る大きな表の場合、マウスでドラッグして範囲選択するのは効率的ではありません。
表全体を選択するときや表の列だけを選択するときなど、ショートカットキーを使うと瞬時に選択できるので作業効率が上がります。

File Open ブック「1-8」を開いておきましょう。

表全体を選択する

表に罫線を引くとき便利なのが、表全体を選択するショートカットキーです。表全体を選択するとき、マウスでドラッグすると、ドラッグし過ぎてしまったり、ドラッグし足りなかったりして、やり直さなければならないこともあります。ショートカットキーを使うと、驚くほど簡単に表全体を選択できます。

> 操作　セルを選択→ Ctrl + A

操作

① セル【B3】を選択します。
※表内のセルであれば、どこでもかまいません。

② Ctrl + A を押します。
※ Ctrl + Shift + : でもかまいません。

③ 表全体が選択されます。

表の行または列を選択する

表に書式を設定するときに便利なのが、表の行や列全体を選択するショートカットキーです。行方向または列方向のセルを選択する場合、データが連続して入力されていれば、選択したセルからデータが入力されている最終セルまでを簡単に選択できます。

操作	**行の選択** 表の一番左のセルを選択→ [Ctrl] + [Shift] + [→]
	列の選択 表の一番上のセルを選択→ [Ctrl] + [Shift] + [↓]

操作

① セル【B4】を選択します。

② [Ctrl] + [Shift] + [→] を押します。

商品コード	分類名	ギフトセット名	販売価格（円）
A-001	酒類	オリジナルビールセットA	3,000
A-002	酒類	オリジナルビールセットB	5,000
A-003	酒類	赤白ワインセット	5,000
A-004	酒類	赤ワインセット	5,000
D-001	飲料	紅茶・ジャムセットA	3,500
D-002	飲料	紅茶・ジャムセットB	5,000
D-003	飲料	コーヒーギフト	3,000
H-001	加工肉	老舗の味ハム詰合せ	4,500
H-002	加工肉	特選燻製セット	5,000
S-001	セレクト	セレクトギフトA	2,000
S-002	セレクト	セレクトギフトB	3,000

③ 表内の行だけが選択されます。

④ セル範囲【B4：E4】が選択されていることを確認します。

⑤ [Ctrl] + [Shift] + [↓] を押します。

※セル範囲【B4：E4】を基準に列を選択します。

商品コード	分類名	ギフトセット名	販売価格（円）
A-001	酒類	オリジナルビールセットA	3,000
A-002	酒類	オリジナルビールセットB	5,000
A-003	酒類	赤白ワインセット	5,000
A-004	酒類	赤ワインセット	5,000
D-001	飲料	紅茶・ジャムセットA	3,500
D-002	飲料	紅茶・ジャムセットB	5,000
D-003	飲料	コーヒーギフト	3,000
H-001	加工肉	老舗の味ハム詰合せ	4,500
H-002	加工肉	特選燻製セット	5,000
S-001	セレクト	セレクトギフトA	2,000
S-002	セレクト	セレクトギフトB	3,000

⑥ 表内の列が選択され、データの入力されているセルが選択されます。

商品コード	分類名	ギフトセット名	販売価格（円）
A-001	酒類	オリジナルビールセットA	3,000
A-002	酒類	オリジナルビールセットB	5,000
A-003	酒類	赤白ワインセット	5,000
A-004	酒類	赤ワインセット	5,000
D-001	飲料	紅茶・ジャムセットA	3,500
D-002	飲料	紅茶・ジャムセットB	5,000
D-003	飲料	コーヒーギフト	3,000
H-001	加工肉	老舗の味ハム詰合せ	4,500
H-002	加工肉	特選燻製セット	5,000
S-001	セレクト	セレクトギフトA	2,000
S-002	セレクト	セレクトギフトB	3,000
S-003	セレクト	セレクトギフトC	4,000
S-004	セレクト	セレクトギフトD	5,000
S-005	セレクト	セレクトギフトE	7,000

第1章　第2章　第3章　第4章　第5章　第6章　第7章　索引

9 ショートカットキーで操作時間を短縮する

便利ワザ

Excelを使いこなしている人ほど、マウスを使わずにキーボードで操作していることが多いものです。シートを切り替えるとき、セルを編集するときなど、何度もマウスに持ち替えていると、それだけ作業効率が下がります。
シートの切り替えやデータの検索など、頻繁に行う操作をショートカットキーで行えば、マウスに持ち替える動作を省くことができるので効率よく作業できます。

File Open ブック「1-9」を開いておきましょう。

シートを切り替える

ブック内のほかのシートを表示するには、シート見出しをマウスでクリックして切り替えますが、数式の入力中にほかのシートのセルを参照するような場合、マウスに持ち替えて操作するのも面倒です。このようなときは、ショートカットキーを使ってシートを切り替えると、マウスに持ち替えることなく数式を続けて入力することが可能です。

操作

右のシートへ移動

[Ctrl] + [Page Down]

左のシートへ移動

[Ctrl] + [Page Up]

操作

① シート「**売上一覧**」が表示されていることを確認します。

② [Ctrl] + [Page Down] を押します。

※キーボードによっては、[Ctrl] + [Fn] + [Page Down] を押します。

③ シート「**売上一覧**」の右側のシート「**地区別集計**」が表示されます。

※ [Ctrl] + [Page Up] を押して、シート「売上一覧」に切り替えておきましょう。キーボードによっては、[Ctrl] + [Fn] + [Page Up] を押します。

データを検索する

データを入力しながら、データを探したい、前に入力したデータを確認したいなどと考えることがあります。このようなときは、ショートカットキーを使って、検索用のダイアログボックスを表示すると、思考を妨げずに操作を続けられます。

操作 セルを選択→ Ctrl + F

操作

①シート**「売上一覧」**のセル**【A1】**を選択します。
② Ctrl + F を押します。
③**《検索と置換》**ダイアログボックスが表示されます。
④**《検索》**タブが選択されていることを確認します。
⑤**《検索する文字列》**に**「Z5003」**と入力します。
※英字は大文字でも小文字でもかまいません。また、数字は全角でもかまいません。
⑥**《次を検索》**をクリックします。
※ Enter または、 Alt + F を押してもかまいません。

⑦**「Z5003」**が入力されているセルが検索されます。
⑧**《次を検索》**を数回クリックし、検索結果をすべて確認します。
※4件検索されます。
⑨**《閉じる》**をクリックします。
※ Alt + F4 を押してもかまいません。

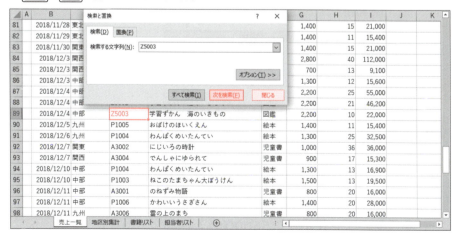

> **Point** 大文字と小文字、半角と全角を区別して検索する
>
> 初期の設定では、大文字と小文字、半角と全角は区別されずに検索できます。それぞれ区別して検索する場合は、《検索と置換》ダイアログボックスの《オプション》で《☑大文字と小文字を区別する》または《☑半角と全角を区別する》にします。

Point ワイルドカード文字を使って検索する

文字列の始めと終わりの文字しかわからないなど、部分的に等しい文字列を検索し、設定したい場合は、「ワイルドカード文字」を使います。ワイルドカード文字は、フィルターや検索・置換などでよく使いますが、IF関数やSUMIF関数、COUNTIF関数などの条件を設定するときにも使えます。
主なワイルドカード文字には、次のようなものがあります。

ワイルドカード文字	検索対象	例	
？（疑問符）	任意の1文字	み？ん	「みかん」「みりん」は検索されるが、「みんかん」は検索されない。
＊（アスタリスク）	任意の数の文字	東京都＊	「東京都」の後ろに何文字続いても検索される。

Point 《置換》タブを表示する

データを置換するには、《検索と置換》ダイアログボックスで《置換》タブを選択します。データを置換するときも検索するときと同様、ショートカットキーを使うと、《置換》タブが選択された状態で《検索と置換》ダイアログボックスを表示できます。

◆ Ctrl + H

アクティブセルを移動する

初期の設定では、Enter を押すと、アクティブセルは下方向に移動します。右方向に入力していく場合は Tab を押すと、アクティブセルが1列右に移動するので、マウスを使ってアクティブセルの位置をクリックし直したり、矢印キーを使って移動させたりする手間が省けます。

操作 Tab

操作

① シート「**地区別集計**」のセル【**C8**】を選択します。
② 「**209500**」と入力し、 Tab を押します。

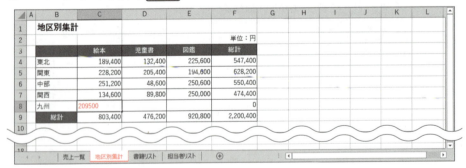

③ アクティブセルの位置が1列右に移動します。
④ セル【**D8**】に「**134100**」と入力します。
⑤ 同様に、セル【**E8**】に「**156000**」と入力します。

《セルの書式設定》ダイアログボックスを表示する

入力したデータの表示形式や配置、フォント、罫線、塗りつぶしなど、セルに対して様々な書式をまとめて設定するには、《セルの書式設定》ダイアログボックスを使うと、効率よく作業できます。《セルの書式設定》ダイアログボックスは、リボンのグループ名の 🔲 をクリックして表示しますが、ショートカットキーを使えば素早く表示できるので、覚えておくとよいでしょう。

> **操作** セル範囲を選択→ Ctrl + 1

操作

①シート「**書籍リスト**」のセル範囲【F4:F23】を選択します。
※セル【F4】を選択後、Ctrl + Shift + ↓ を押すと効率よく選択できます。
※ここでは、「発売月」の表示形式を設定します。

② Ctrl + 1 を押します。

③《セルの書式設定》ダイアログボックスが表示されます。

④《**表示形式**》タブを選択します。
※ Ctrl + Tab を押して、タブを選択してもかまいません。

⑤《**分類**》の一覧から「**日付**」を選択します。
※ Tab を押し、《分類》の一覧が選択されたら、↓ を押して分類を選択してもかまいません。

⑥ **2016/2013** 《**種類**》の一覧から「**2012年3月**」を選択します。
　　2010 《**種類**》の一覧から「**2001年3月**」を選択します。
※ Tab を押し、《種類》の一覧が選択されたら、↓ を押して種類を選択してもかまいません。

⑦《**サンプル**》に「**2018年5月**」と表示されます。

⑧《**OK**》をクリックします。
※ Enter を押してもかまいません。

⑨選択した範囲の日付の表示形式が変更されます。

セルを編集する

セル内の文字列の一部や数式の一部を修正する場合、セルを編集状態にして修正します。セルをダブルクリックするか、数式バーをクリックする以外に、ショートカットキーを使って、キーボードから手を離さずにセルを編集状態にする方法を覚えておくと便利です。

操作　セルを選択→ F2

操作

① シート「**担当者リスト**」のセル【**C4**】を選択します。
② F2 を押します。
③ カーソルが表示され、セルが編集状態になります。

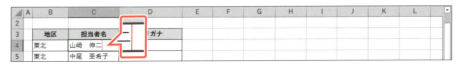

④「**伸**」を「**信**」に編集します。

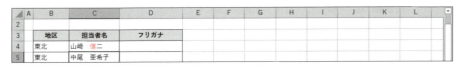

《関数の挿入》ダイアログボックスを表示する

関数を入力するとき、関数名や引数の指定順序などを覚えていれば、そのまま入力した方が効率的ですが、関数名を忘れてしまったり、引数の指定順序を確認したりしたい場合は、**《関数の挿入》**ダイアログボックスを表示すると、関数や引数の説明を確認しながら関数を入力できます。

操作　セルを選択→ Shift + F3

操作

① シート「**担当者リスト**」のセル【**D4**】を選択します。
② Shift + F3 を押します。
③ **《関数の挿入》**ダイアログボックスが表示されます。
④ **《関数の検索》**に「**ふりがな**」と入力します。
⑤ **《検索開始》**をクリックします。
※ Enter を押してもかまいません。

⑥《関数名》の「PHONETIC」を選択します。

⑦《OK》をクリックします。

※ Enter を押してもかまいません。

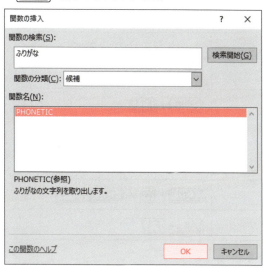

⑧《関数の引数》ダイアログボックスが表示されます。

⑨《参照》に「C4」と入力します。

⑩《OK》をクリックします。

※ Enter を押してもかまいません。

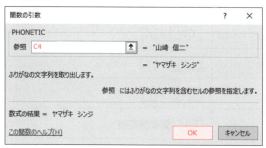

⑪ふりがなが表示されます。

⑫セル【D4】の右下の■ (フィルハンドル) をダブルクリックします。

⑬関数がコピーされます。

Point 便利なショートカットキー一覧

紹介したショートカットキー以外に、Excelで使える便利なショートカットキーは、次のとおりです。

● ファイル操作のショートカットキー

操作	ショートカットキー
ブックを開く	Ctrl + O
シートの挿入	Shift + F11
上書き保存	Ctrl + S
名前を付けて保存	F12
ブックを閉じる	Ctrl + W / Ctrl + F4
Excelの終了	Alt + F4

● データ操作のショートカットキー

操作	ショートカットキー
コピー	Ctrl + C
切り取り	Ctrl + X
貼り付け	Ctrl + V
元に戻す	Ctrl + Z
やり直し	Ctrl + Y
印刷	Ctrl + P
繰り返し	F4（書式設定後）
絶対参照	F4（数式入力中）
次のセルへ移動	Tab
前のセルへ移動	Shift + Tab
ホームポジションへ移動	Ctrl + Home
データ入力の最終セルへ移動	Ctrl + End
パーセントスタイル	Ctrl + Shift + %
数式バーの折りたたみ・展開	Ctrl + Shift + U
文字列の強制改行	Alt + Enter
テーブルの作成	Ctrl + T
フィルター	Ctrl + Shift + L
コメントの挿入	Shift + F2

Point　Alt を使ったショートカットキー

Alt を押すと、リボンのタブやボタンには、ショートカットキーに使うアルファベットが表示されます。使いたい操作のタブやボタンに表示されるアルファベットを順番に押していくだけで、簡単に操作を実行できます。また、Alt を押せばアルファベットが表示されるので、覚える必要がありません。

例えば、セルに下二重罫線を引くときは、次のように操作します。

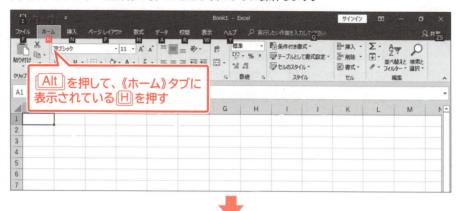

Alt を押して、《ホーム》タブに表示されている H を押す

《フォント》グループの （罫線）に表示されている B を押す

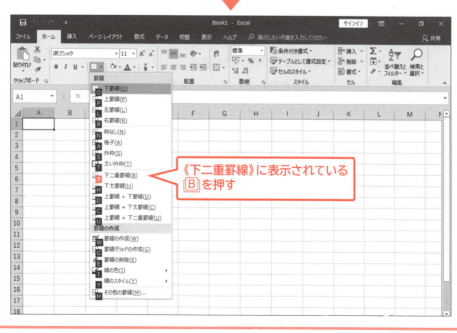

《下二重罫線》に表示されている B を押す

10 アドレスにハイパーリンクを設定しない

メールやインターネットのアドレスを入力したり、ネットワークのパスを入力したりすると、自動的にハイパーリンクが設定されます。これは、「入力オートフォーマット」によるものです。ハイパーリンクが設定された文字列をクリックすると、ブラウザやメールソフトが起動するので、編集の妨げになってしまいます。
このようなときは、入力したときに自動的にハイパーリンクが設定されないように、入力オートフォーマットを解除しておくと、アドレスやパスをデータとして管理しやすくなります。

File Open ブック「1-10」を開いておきましょう。

操作 《ファイル》タブ→《オプション》→左側の一覧から《文章校正》を選択→《オートコレクトのオプション》→《入力オートフォーマット》タブ→《☐ インターネットとネットワークのアドレスをハイパーリンクに変更する》

操作

① セル【H4】に「mitani.sachiko@fom.xx.xx」と入力します。
② メールアドレスにハイパーリンクが設定されたことを確認します。
※ハイパーリンクをクリックすると、メールソフトが起動します。メールソフトが起動した場合は、閉じておきましょう。

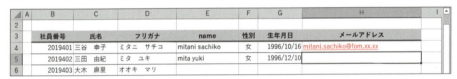

③《ファイル》タブ→《オプション》を選択します。
④《Excelのオプション》が表示されます。
⑤ 左側の一覧から《文章校正》を選択します。
⑥《オートコレクトのオプション》をクリックします。

⑦《オートコレクト》ダイアログボックスが表示されます。
⑧《入力オートフォーマット》タブを選択します。
⑨《インターネットとネットワークのアドレスをハイパーリンクに変更する》を☐にします。
⑩《OK》をクリックします。

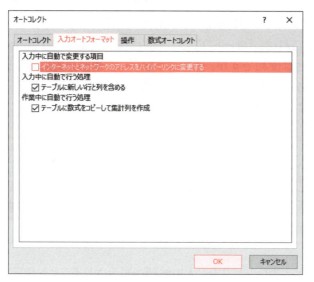

⑪《Excelのオプション》に戻ります。
⑫《OK》をクリックします。
⑬セル【H5】に「mita.yuki@fom.xx.xx」と入力します。
⑭メールアドレスにハイパーリンクが設定されないことを確認します。

※確認後、ハイパーリンクの設定を戻しておきましょう。

Point ハイパーリンクを削除する

Excelのオプションを変更する前に自動的に設定されたハイパーリンクは、変更後もハイパーリンクの設定が残ってしまいます。また、入力したデータを Delete で削除してもハイパーリンクはセルの書式として残ってしまいます。セルにハイパーリンクの設定を残さずに解除するには、ハイパーリンクを削除します。
ハイパーリンクを削除する方法は、次のとおりです。
◆ハイパーリンクを削除するセルを右クリック→《ハイパーリンクの削除》

29

11 オートコンプリートの入力候補を表示しない

データを入力し始めたら、それまでに入力した同じ読みのデータが自動的に表示されることがあります。これは、「オートコンプリート」によるものです。完全に同じデータを何度も入力する場合は便利ですが、似たようなデータや部分的に異なるデータを入力する場合には、入力ミスにつながる可能性があります。同じ読みのデータが表示されないようにするには、オートコンプリートの設定を解除しておきます。

ブック「1-11」を開いておきましょう。

> 操作　《ファイル》タブ→《オプション》→左側の一覧から《詳細設定》を選択→《編集設定》の
> 《☐オートコンプリートを使用する》

① セル【E5】に「m」と入力し、入力中に入力候補が表示されることを確認します。
※ Esc を押して、入力を取り消しておきましょう。

②《ファイル》タブ→《オプション》を選択します。

③《Excelのオプション》が表示されます。

④ 左側の一覧から《詳細設定》を選択します。

⑤《編集設定》の《オートコンプリートを使用する》を ☐ にします。

⑥《OK》をクリックします。

※ セル【E5】に「m」と入力し、入力候補が表示されないことを確認しておきましょう。確認後、オートコンプリートの設定を戻しておきましょう。

第2章

見やすい表を作る 12の技

1	1つのセルに日付と曜日を表示する	32
2	数値の前に0を表示する	34
3	見せたくない数値や数式を隠す	36
4	文字列の長さに合わせて列幅を調整する	38
5	セルを結合せずに範囲の中央に文字を配置する	40
6	条件を満たす行に色を付ける	42
7	土曜日と日曜日の列に色を付ける	44
8	重複したデータを探す	48
9	表示されているセルだけをコピーする	52
10	表の列幅を変えずにコピーする	54
11	セルの値だけを貼り付ける	56
12	表の行列を入れ替えて貼り付ける	58

1 1つのセルに日付と曜日を表示する

売上表やスケジュール表、勤怠管理表など、Excelで日付を扱う場面は多いものです。通常、「7／1」と入力すると、セルには「7月1日」と日付の形式で表示されます。日付に対応した曜日を表示したい場合、表示形式を使うと、1つのセルに日付と曜日を表示することができます。
曜日の列を別に用意する必要がないので、効率的です。
曜日を表示してみると、日付だけではわからなかった売上が好調な曜日があることに気づくかもしれません。

日付
2018/7/1
2018/7/2
2018/7/3
2018/7/4
2018/7/5
2018/7/6

表示形式を設定すると

日付
7月1日(日)
7月2日(月)
7月3日(火)
7月4日(水)
7月5日(木)
7月6日(金)

File Open ブック「2-1」を開いておきましょう。

操作 セル範囲を選択→ Ctrl + 1 →《表示形式》タブ→《分類》の一覧から《ユーザー定義》を選択→《種類》に「m"月"d"日"(aaa)」と入力

操作
①セル範囲【B4:B34】を選択します。
※セル【B4】を選択後、 Ctrl + Shift + ↓ を押すと効率よく選択できます。
② Ctrl + 1 を押します。

③《セルの書式設定》ダイアログボックスが表示されます。
④《表示形式》タブを選択します。
⑤《分類》の一覧から《ユーザー定義》を選択します。
⑥《種類》に「m"月"d"日"(aaa)」と入力します。
※《種類》の一覧から「m"月"d"日"」を選択して、「(aaa)」を入力すると効率的です。
⑦《サンプル》に「7月1日(日)」と表示されていることを確認します。
⑧《OK》をクリックします。

⑨1つのセルに日付と曜日が表示されます。

Point 日付の表示形式

日付の表示形式には、いくつものパターンが用意されており、日本語だけでなく、英語でも表示できます。日付の表示形式には、次のようなものがあります。日付の部分を含めずに設定すれば、曜日だけを表示することもできます。

ユーザー定義の表示形式	入力データ	表示結果
m"月"d"日" aaa	2018/7/1	7月1日 日
m"月"d"日"(aaa)	2018/7/1	7月1日(日)
m"月"d"日" aaaa	2018/7/1	7月1日 日曜日
aaaa	2018/7/1	日曜日
yyyy/m/d ddd	2018/7/1	2018/7/1 Sun
yyyy/m/d(ddd)	2018/7/1	2018/7/1 (Sun)
yyyy/m/d dddd	2018/7/1	2018/7/1 Sunday

2 数値の前に0を表示する

「0001」のように「0」から始まる数値を入力すると、「0」は表示されず、「1」としか表示されません。金額や個数であれば「0」を表示する必要はありませんが、コード番号や社員番号などは先頭の「0」も番号の一部として表示する必要があります。
このようなときは、数値の桁数を指定する表示形式を設定しておくと、入力した数値に応じて、指定した桁数分の「0」が先頭に表示されます。
また、数値の桁数に加えて「-（ハイフン）」を設定しておくと、電話番号などを入力するときに、ハイフンの入力を省略できます。

●表示形式が「標準」の場合　　　●表示形式に「0000」を設定した場合

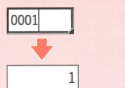

●表示形式に「00-0000-0000」を設定した場合

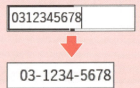

File Open ブック「2-2」を開いておきましょう。

> **操作** セル範囲を選択→ Ctrl + 1 →《表示形式》タブ→《分類》の一覧から《ユーザー定義》を選択→《種類》に「0000」と入力

操 作

①セル範囲【B4:B35】を選択します。
※セル【B4】を選択後、 Ctrl + Shift + ↓ を押すと効率よく選択できます。
② Ctrl + 1 を押します。

③《セルの書式設定》ダイアログボックスが表示されます。
④《表示形式》タブを選択します。
⑤《分類》の一覧から《ユーザー定義》を選択します。
⑥《種類》に「0000」と入力します。
※「0」は桁数を意味します。ここでは、4桁で表示するので「0000」と入力します。

⑦《サンプル》に「0001」と表示されていることを確認します。
⑧《OK》をクリックします。

⑨数値の前に「0」が表示されます。

Point その他のユーザー定義の表示形式

セルの書式設定の「ユーザー定義」では、ほかにも数値に様々な表示形式を定義することができます。

ユーザー定義の表示形式	入力データ	表示結果	備考
#,##0	12300	12,300	3桁ごとに「,(カンマ)」で区切って表示し、「0」の場合は「0」を表示します。余分な0は表示されません。
	0	0	
	012300	12,300	
#,###	12300	12,300	3桁ごとに「,(カンマ)」で区切って表示し、「0」の場合は空白を表示します。
	0	(空白)	
0.000	9.8765	9.877	小数点以下を指定した桁数分表示します。指定した桁数を超えた場合は四捨五入し、足りない場合は「0」を表示します。
	9.8	9.800	
#.###	9.8765	9.877	小数点以下を指定した桁数分表示します。指定した桁数を超えた場合は四捨五入し、足りない場合はそのまま表示します。
	9.8	9.8	
#,##0,	12300000	12,300	百の位を四捨五入し、千単位で表示します。
#,##0"人"	12300	12,300人	
"第"#"会議室"	2	第2会議室	

3 見せたくない数値や数式を隠す

作成した表をほかの人と共有したり、お客様への提出用に印刷したりするとき、計算過程の数値や数式などは見せたくない場合があります。
このようなときは、セルに表示形式として「;;;」を設定すると、入力されている数値や数式、文字列を非表示にできます。
表示形式には、最大で4つの書式を定義することができます。左から「正の数」、「負の数」、「0」、「文字列」の書式を「;(セミコロン)」で区切って記述します。
表示形式の定義を省略すると、その値は非表示になります。書式を省略する場合でも区切りを示す「;(セミコロン)」を入力する必要があります。「;;;」と定義すると、すべての値の表示形式が省略されたことになるのでセルには何も表示されません。

●書式の記述の順番

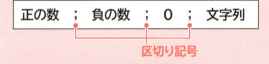

File Open ブック「2-3」を開いておきましょう。

操作 セル範囲を選択→Ctrl+1→《表示形式》タブ→《分類》の一覧から《ユーザー定義》を選択→《種類》に「;;;」と入力

操作 ①セル【B4】を選択します。
※セル【B4】には、セル【B5】で使用しているVLOOKUP関数の検索値「顧客ID」が入力されています。
②Ctrl+1を押します。

③《セルの書式設定》ダイアログボックスが表示されます。
④《表示形式》タブを選択します。
⑤《分類》の一覧から《ユーザー定義》を選択します。
⑥《種類》に「;;;」と入力します。
⑦《サンプル》に何も表示されていないことを確認します。

⑧《OK》をクリックします。

⑨セル内のデータが非表示になります。
※数式バーにはデータが表示されます。

> **Point** シートを保護して数式バーにも表示されないようにする
>
> 表示形式を設定する方法で数値や数式を隠しても、セルを選択すると数式バーにはセルの内容が表示されます。数式バーにも表示されないようにするには、表示形式で「;;;」を設定後、シートを保護します。
> ※シートの保護については、P.148「1　シートを保護して誤ったデータの書き換えを防ぐ」に記載しています。

> **Point** 数値の表示形式をまとめて定義する
>
> 「正の数」、「負の数」、「0」の数値の表示形式をまとめて設定するには、書式を1つだけ定義します。「正の数」と「負の数」の数値の表示形式を別々に設定するには、書式を2つ定義します。書式を2つ定義すると、1番目は「正の数」と「0」、2番目は、「負の数」に書式が設定されます。どちらの場合も、文字列の表示形式には影響しません。
>
> | ユーザー定義の表示形式 | 入力データ | 表示結果 | 備考 |
> |---|---|---|---|
> | [青]#,##0 | 1000 | 1,000 | 3桁ごとに「,(カンマ)」で区切って、青色で表示します。 |
> | | 0 | 0 | |
> | | -1000 | -1,000 | |
> | #,##0;[青]-#,##0 | 1000 | 1,000 | 通常の文字色で表示します。 |
> | | 0 | 0 | 通常の文字色で表示します。 |
> | | -1000 | -1,000 | 3桁ごとに「,(カンマ)」で区切って、青色で表示します。 |

4 文字列の長さに合わせて列幅を調整する

入力した文字列が列幅よりも長い場合、隣のセルにはみ出したり、隠れて見えなくなってしまったりすることがあります。これでは見やすい表とはいえません。
見えない文字列を簡単に表示する場合、列番号の右側の境界線をダブルクリックすれば、列内の最長データに合わせて自動的に調整されます。しかし、この方法では、同じ列内に表のタイトルなどの長い文字列が入力されていると、予想外の列幅に調整されてしまうことがあります。
このようなときは、特定のセル内の文字数を基準にして、列幅を自動調整するとバランスよく調整できます。

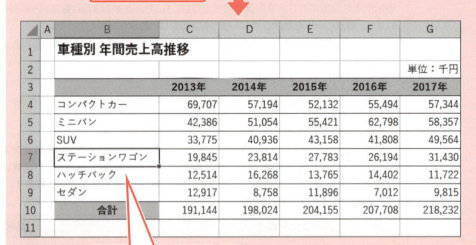

File Open ブック「2-4」を開いておきましょう。

> **操作** 基準のセルを選択→《ホーム》タブ→《セル》グループの 📋書式▼ (書式)→《列の幅の自動調整》

操作

①セル【B7】を選択します。
※表内の車種の中で一番長いデータ「ステーションワゴン」を選択します。

②《ホーム》タブ→《セル》グループの 📋書式▼ (書式)→《列の幅の自動調整》をクリックします。

③セル【B7】の文字列の長さに合わせて、列幅が自動的に調整されます。

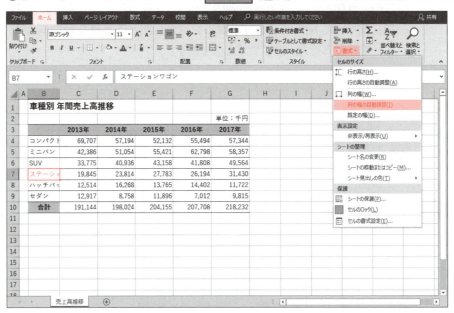

5 セルを結合せずに範囲の中央に文字を配置する

一般的に、複数のセルの中央に文字列を配置するには、「セルを結合して中央揃え」を使います。しかし、セルを結合してしまうと、表にあとから手を加えたいとき、結合したセルを解除しないと列単位のコピーや移動ができないことがあります。
このようなときは、「選択範囲内で中央」を使うと、セルを結合せずに複数のセルの中央に文字列を配置できます。セルを結合したときと見た目は同じですが、列単位のコピーや移動も行え、扱いやすくなります。

File Open ブック「2-5」を開いておきましょう。

操作 セル範囲を選択→ Ctrl + i → 《配置》タブ→《横位置》の一覧から《選択範囲内で中央》を選択

操作

① セル範囲【D8:E8】を選択します。
② Ctrl を押しながら、セル範囲【C9:E9】、セル範囲【E10:F10】を選択します。
③ Ctrl + i を押します。

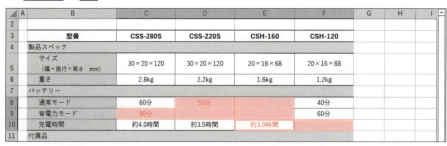

④《セルの書式設定》ダイアログボックスが表示されます。
⑤《配置》タブを選択します。
⑥《横位置》の ✓ をクリックし、一覧から《選択範囲内で中央》を選択します。
⑦《OK》をクリックします。

⑧ それぞれの値がセル範囲の中央に表示されます。

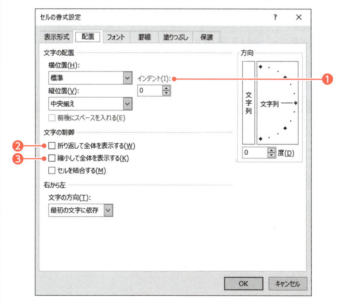

> **Point** 文字の配置をさらに見やすくする
>
> 文字列の配置を調整するために、セルの先頭に余分なスペースを入力すると、意図したとおりに並べ替えやフィルターが行われません。見た目を整える場合は、セルの書式設定を活用しましょう。セルの書式設定には、「選択範囲内で中央」以外にも、文字列の配置を整える設定が用意されています。
>
> ❶ インデント
> セルの先頭を字下げします。
>
> ❷ 折り返して全体を表示する
> セルの幅より長い文字列をセル内で折り返して全体を表示します。
>
> ❸ 縮小して全体を表示する
> セルの幅より長い文字列をセルに収まるように縮小して全体を表示します。

41

6 条件を満たす行に色を付ける

勤務表で出勤しなかった日にちを確認する場合、ひとつひとつのセルに色を付けていくのは、手間もかかるしミスもしがちです。
このようなときは、「条件付き書式」を使って、一定の条件に合致したセルに自動的に色を付けます。条件付き書式を使って設定しておくと、表のデータが更新されても、その都度書式が設定し直されるので、書式設定し直す手間もかかりません。

File Open ブック「2-6」を開いておきましょう。

> **操作** セル範囲を選択→《ホーム》タブ→《スタイル》グループの ▼条件付き書式▼（条件付き書式）→《新しいルール》→《数式を使用して、書式設定するセルを決定》

操作

① セル範囲【B4:G34】を選択します。
※セル【B4】を選択後、[Ctrl]+[Shift]+[End]を押すと効率よく選択できます。キーボードによっては、[Ctrl]+[Shift]+[Fn]+[End]を押します。

② 《ホーム》タブ→《スタイル》グループの ▼条件付き書式▼（条件付き書式）→《新しいルール》をクリックします。

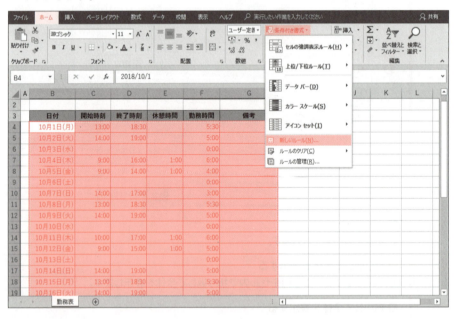

③ 《新しい書式ルール》ダイアログボックスが表示されます。

④ 《ルールの種類を選択してください》の一覧から《数式を使用して、書式設定するセルを決定》を選択します。
※ここでは、開始時刻が未入力（空白）かどうかを判断する数式を記述し、未入力であれば行全体に色を付ける条件付き書式を設定します。

⑤ 《次の数式を満たす場合に値を書式設定》に「=$C4=""」と入力します。
※セル【C4】は常にC列の条件を参照するように複合参照にします。
※複合参照については、P.70「Point　セルの参照」に記載しています。
※「"（ダブルクォーテーション）」を続けて入力し、「""」と指定すると、未入力（空白）であることを意味します。

⑥《書式》をクリックします。

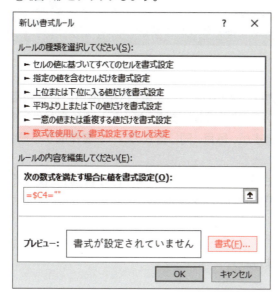

⑦《セルの書式設定》ダイアログボックスが表示されます。
⑧《塗りつぶし》タブを選択します。
⑨《背景色》の一覧から任意の色を選択します。
※未入力の行に設定する色を選択します。
⑩《OK》をクリックします。

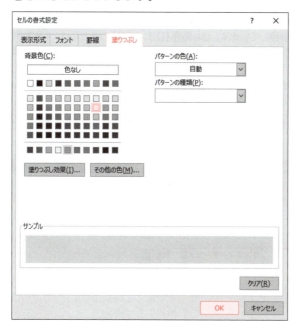

⑪《新しい書式ルール》ダイアログボックスに戻ります。
⑫《OK》をクリックします。
⑬開始時刻が未入力の行全体に色が設定されます。

7 土曜日と日曜日の列に色を付ける

日付を扱う表の場合、カレンダーのように土曜日や日曜日に色を設定しておくと、1週間の管理がしやすく、わかりやすくなります。セルごとに色を付けてもたいした手間ではないように感じられますが、毎月、同じ書式のシートを作成する場合は、作業が自動化できると効率的です。
土曜日と日曜日の列に色を付けるときも、「条件付き書式」を使って設定しておくと、日付を変えるだけで瞬時に色が付く列を変更できます。

File Open ブック「2-7」を開いておきましょう。

操作 セル範囲を選択→《ホーム》タブ→《スタイル》グループの （条件付き書式）→《新しいルール》→《数式を使用して、書式設定するセルを決定》

操作

① セル範囲【C3:AG17】を選択します。

※セル【C3】を選択後、Ctrl + Shift + End を押すと効率よく選択できます。キーボードによっては、Ctrl + Shift + Fn + End を押します。

※セル【B2】には、「2018/10/1」と入力されています。

※セル【C3】はセル【B2】を参照しています。セル範囲【D3:AG3】の各セルは、1列左側のセルの値に「1」を加算する数式が入力されているため翌日が表示されます。セル範囲【C4:AG4】の各セルは1行上側のセルを参照しています。

※あらかじめ、セル【B2】は年と月、セル範囲【C3:AG3】は日にち、セル範囲【C4:AG4】は曜日だけが表示されるように表示形式を設定しています。

②《ホーム》タブ→《スタイル》グループの （条件付き書式）→《新しいルール》をクリックします。

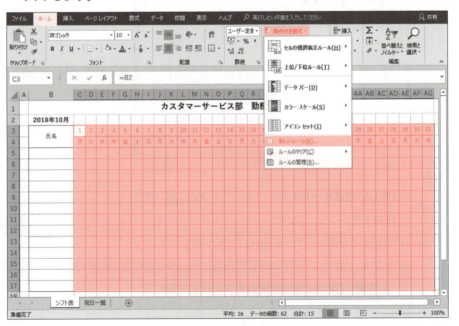

③《新しい書式ルール》ダイアログボックスが表示されます。

④《ルールの種類を選択してください》の一覧から《数式を使用して、書式設定するセルを決定》を選択します。

※ここでは、曜日が日曜日であるかどうかを判断する関数を記述し、日曜日であれば列全体に色を付ける条件付き書式を設定します。

⑤《次の数式を満たす場合に値を書式設定》に「=WEEKDAY（C$3,1）=1」と入力します。

※2つ目の引数は省略して、「=WEEKDAY（C$3）=1」と入力してもかまいません。
※セル【C3】は常に3行目の条件を参照するように複合参照にします。
※複合参照については、P.70「Point　セルの参照」に記載しています。

⑥《書式》をクリックします。

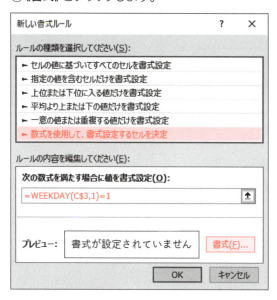

⑦《セルの書式設定》ダイアログボックスが表示されます。

⑧《塗りつぶし》タブを選択します。

⑨《背景色》の一覧から任意の色を選択します。

※日曜日の列に設定する色を選択します。

⑩《OK》をクリックします。

⑪《新しい書式ルール》ダイアログボックスに戻ります。

⑫《OK》をクリックします。

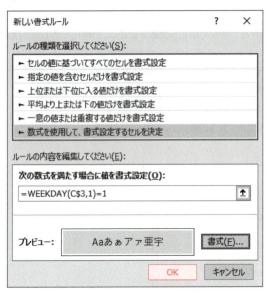

⑬日曜日の列全体に色が設定されます。

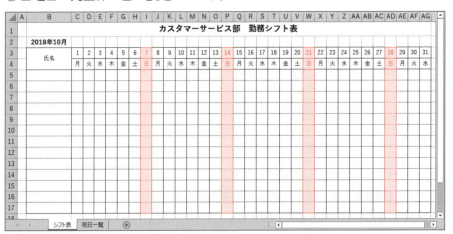

⑭同様に、土曜日の列に任意の色を設定します。

※ルールの数式は、「=WEEKDAY（C＄3,1）＝7」と入力します。

※セル【B2】の日付を変更し、カレンダーの日付に合わせて色が設定される列が変わることを確認しておきましょう。

Point ルールの数式に設定したWEEKDAY関数

ルールの数式として設定したWEEKDAY関数には、次のような意味があります。

=WEEKDAY(C$3,1)=1

❶ セル【C3】の日付の曜日を種類「1」に対応する曜日の整数で返す
❷ ❶で求めた整数が「1」(日曜日)である

WEEKDAY関数の2つ目の引数に指定する曜日を表す整数の組み合わせには、次のパターンがあります。

種類	曜日を表す整数						
1または省略	1(日曜)	2(月曜)	3(火曜)	4(水曜)	5(木曜)	6(金曜)	7(土曜)
2	1(月曜)	2(火曜)	3(水曜)	4(木曜)	5(金曜)	6(土曜)	7(日曜)
3	0(月曜)	1(火曜)	2(水曜)	3(木曜)	4(金曜)	5(土曜)	6(日曜)

Point 条件付き書式を使って祝日の列に色を付ける

祝日の列に色を付ける場合は、祝日の一覧を作成し、「COUNTIF関数」を使って、祝日の一覧とカレンダーの日付が一致したときに、列全体に色を付ける条件付き書式を設定します。
※COUNTIF関数については、P.72「6 条件を満たすセルの個数を求める」に記載しています。

ルールの数式として設定するCOUNTIF関数の記述方法は、次のとおりです。

=COUNTIF(祝日一覧!$B$4:$B$23,C$3)=1

❶ シート「祝日一覧」のセル範囲【B4:B23】からセル【C3】の値を検索し、一致するとセルの個数「1」を返す
❷ ❶で求めた整数が「1」である

祝日の列に色が付く

8 重複したデータを探す

3分短縮

あわてて入力をしたり、複数名で入力を分担したりしていると、同じデータを二重で入力してしまうことがあります。目視で確認しても、重複している箇所を発見するのは大変です。
このようなときは、「重複の削除」を使うと、重複しているデータを簡単に削除でき、データの一意性を維持することができます。
重複の削除を実行すると、すぐに重複データが削除されます。削除する前に重複箇所を確認するとよいでしょう。

File Open ブック「2-8」を開いておきましょう。

重複データを確認する

「**条件付き書式**」を使うと、重複したデータだけに書式を設定できます。あらかじめ、重複したデータを確認できるので、削除してよいか判断したり、表の問題点を見つけ出したりすることができます。

> **操作** セル範囲を選択→《ホーム》タブ→《スタイル》グループの 条件付き書式 （条件付き書式）→《セルの強調表示ルール》→《重複する値》

操作

①セル範囲【B4:C25】を選択します。
※セル【B4】を選択後、Shift + →、Ctrl + Shift + ↓を押すと効率よく選択できます。
※ここでは、同じ品名でも異なる商品が存在します。そのため、「商品番号」と「品名」の両方で重複データを確認します。
※ここでは、重複する値に「濃い緑の文字、緑の背景」の書式を設定します。

②《ホーム》タブ→《スタイル》グループの 条件付き書式 （条件付き書式）→《セルの強調表示ルール》→《重複する値》をクリックします。

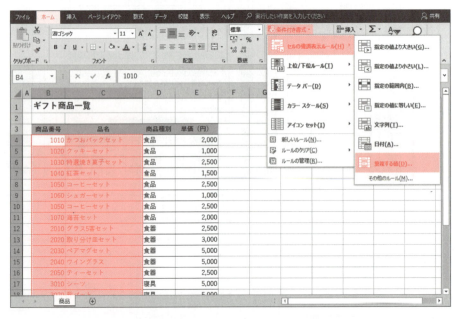

第2章 見やすい表を作る12の技

48

③《重複する値》ダイアログボックスが表示されます。

④《次の値を含むセルを書式設定》の左側のボックスが《重複》になっていることを確認します。

⑤《書式》の　をクリックし、一覧から《濃い緑の文字、緑の背景》を選択します。

⑥《OK》をクリックします。

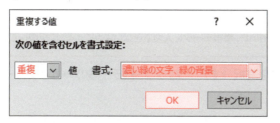

⑦重複データに書式が設定されます。

※8行目と10行目の商品番号と品名、20行目と21行目の品名が重複しています。

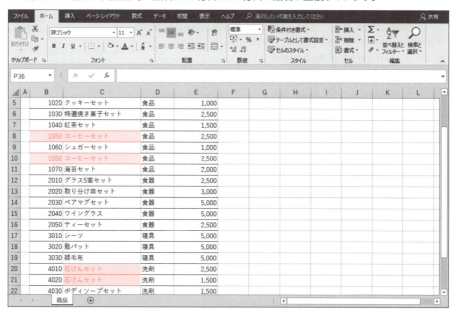

Point　シートに設定したルールをすべてクリアする

シート内に設定した条件付き書式のルールをクリアするときに、どこに設定されているか、いくつ設定されているかわからなくて困る場合があります。そのようなときは、シート全体を指定してルールをすべてクリアできます。

シートに設定したルールをすべてクリアする方法は、次のとおりです。

◆シートを選択→《ホーム》タブ→《スタイル》グループの 条件付き書式▼ （条件付き書式）→《ルールのクリア》→《シート全体からルールをクリア》

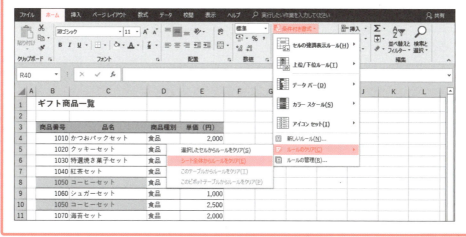

重複データを削除する

(重複の削除)を使うと、表内のレコードを指定した基準で比較して、重複したデータが存在した場合は削除します。(重複の削除)を実行するとデータはすぐに削除されるので注意が必要です。また、重複データを削除した表に、入力規則を使って重複データの入力ができないように設定しておくと、さらに運用しやすい表になります。

※入力規則については、P.73「Point　重複データを入力できないようにする」に記載しています。

操作

2016　表内のセルを選択→《データ》タブ→《データツール》グループの(重複の削除)

2013　表内のセルを選択→《データ》タブ→《データツール》グループの重複の削除（重複の削除)

2010　表内のセルを選択→《データ》タブ→《データツール》グループの(重複の削除)

操作

①セル【B3】を選択します。
※表内のセルであれば、どこでもかまいません。
※ここでは、8行目と重複している10行目のデータを削除します。

② 2016　《データ》タブ→《データツール》グループの(重複の削除)をクリックします。
　　2013　《データ》タブ→《データツール》グループの重複の削除（重複の削除)をクリックします。
　　2010　《データ》タブ→《データツール》グループの(重複の削除)をクリックします。

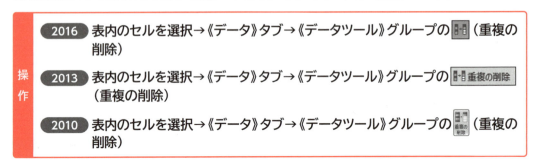

③《重複の削除》ダイアログボックスが表示されます。

④《先頭行をデータの見出しとして使用する》を☑にします。

⑤《商品番号》と《品名》を☑、それ以外の項目を☐にします。

※ここでは、同じ品名でも異なる商品が存在します。そのため、「商品番号」と「品名」の組み合わせが一致するデータを重複データとして削除します。

⑥《OK》をクリックします。

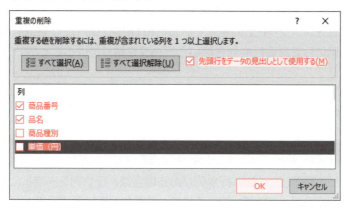

⑦メッセージを確認し、《OK》をクリックします。

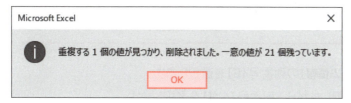

⑧重複データが削除されます。

9 表示されているセルだけをコピーする

行や列を折りたたんで非表示にした状態で表をコピーすると、折りたたまれている行や列のデータも合わせてコピーされます。
このようなときは、シート上の見えているセル（可視セル）だけを選択してからコピーすると、非表示にしてある行や列を除いたデータを貼り付けることができます。

File Open ブック「2-9」を開いておきましょう。

列を非表示にする

印刷のときなどに表示したくない行や列がある場合は、行や列を一時的に非表示にします。非表示にしても実際のデータは残っているので、必要なときに再表示すれば、もとの表示に戻ります。

> **操作** セル範囲内で右クリック→《非表示》を選択

操作

①シート「**チーム情報**」の列番号【E】を選択します。
②[Ctrl]を押しながら、列番号【G：I】を選択します。
③選択した範囲内で右クリックし、一覧から《**非表示**》を選択します。

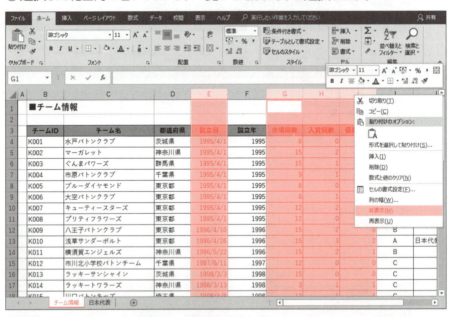

④E列とG～I列が非表示になります。

可視セルをコピーする

可視セルに数式が含まれている場合、数式が入力されているセルをコピーすると、コピー先には値が貼り付けられます。

操作　セル範囲を選択→ Alt + ; → Ctrl + C →セルを選択→ Ctrl + V

操作

①セル【F4】を選択し、数式が入力されていることを確認します。

※F列の設立年には、E列の設立日から年だけを取り出す「YEAR関数」が入力されています。

②セル範囲【B13:J13】を選択します。

※ここでは、非表示にしたE列とG～I列を除いた13行目のデータをコピーします。

③ Alt + ; を押します。

※ Alt + ; を押すと、可視セルを選択できます。

④ Ctrl + C を押します。

	B	C	D	F	J	K
1	■チーム情報					
3	チームID	チーム名	都道府県	設立年	ランク	備考
4	K001	水戸バトンクラブ	茨城県	1995	C	
5	K002	マーガレット	神奈川県	1995	B	
6	K003	ぐんまパワーズ	群馬県	1995	C	
7	K004	市原バトンクラブ	千葉県	1995	C	
8	K005	ブルーダイヤモンド	東京都	1995	C	
9	K006	大空バトンクラブ	東京都	1995	C	
10	K007	キューティースターズ	東京都	1995	B	
11	K008	プリティフラワーズ	東京都	1995	C	
12	K009	八王子バトンクラブ	東京都	1996	B	
13	K010	浅草サンダーボルト	東京都	1996	A	日本代表
14	K011	横須賀エンジェルズ	神奈川県	1996	B	
15	K012	市川北小学校バトンチーム	千葉県	1997	C	
16	K013	ラッキーサンシャイン	茨城県	1998	C	
17	K014	ラッキートワラーズ	神奈川県	1998	C	

チーム情報　日本代表

⑤シート「**日本代表**」のセル【B4】を選択します。

⑥ Ctrl + V を押します。

	B	C	D	E	F
1	■日本代表チーム				
3	チームID	チーム名	都道府県	設立年	ランク
4					

チーム情報　日本代表

⑦コピーしたセルの値だけが貼り付けられます。

B4　K010

	B	C	D	E	F
1	■日本代表チーム				
3	チームID	チーム名	都道府県	設立年	ランク
4	K010	浅草サンダーボルト	東京都	1996	A

(Ctrl)▾

※セル【E4】を選択し、値が貼り付けられていることを確認しておきましょう。

53

10 表の列幅を変えずにコピーする

表をコピーすると、データや書式設定はコピーされますが、列幅は貼り付け先の列幅になります。
このようなときは、貼り付けのオプションの「元の列幅を保持」を使うと、表をコピー元の列幅で貼り付けることができます。

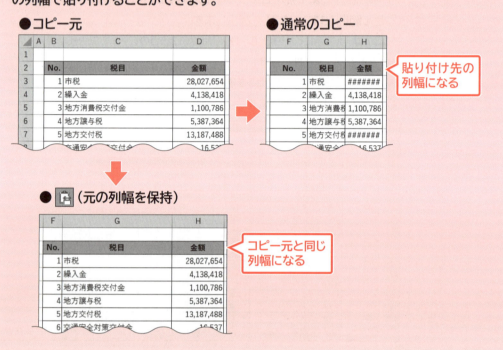

File Open ブック「2-10」を開いておきましょう。

> **操作** セル範囲を選択→ Ctrl + C →セルを選択→ Ctrl + V → 📋(Ctrl)▼ (貼り付けのオプション)→ 📋 (元の列幅を保持)

操作

① セル範囲【B3:D17】を選択します。
※セル【B3】を選択後、 Ctrl + Shift + → 、 Ctrl + Shift + ↓ を押すと効率よく選択できます。
② Ctrl + C を押します。

③セル【F3】を選択します。

④ Ctrl + V を押します。

（表の画像）

⑤データが貼り付け先の列幅で貼り付けられます。

⑥ (Ctrl) ▼ （貼り付けのオプション）→《貼り付け》の （元の列幅を保持）をクリックします。

（表の画像）

⑦列幅がコピー元と同じ幅に調整されます。

⑧セル範囲【G4:H16】を選択します。

※セル【G4】を選択後、 Shift + → 、 Ctrl + Shift + ↓ を押すと効率よく選択できます。

⑨ Delete を押します。

（表の画像）

⑩歳出の税目と金額が削除され、歳入と同じフォーマットができます。

Point　列幅だけをコピーする

《形式を選択して貼り付け》を使うと、セル内のデータを貼り付けずに、コピー元のセルの列幅だけをコピーすることができます。
列幅だけをコピーする方法は、次のとおりです。

◆セル範囲を選択→ Ctrl + C →コピー先のセルを選択→ Ctrl + Alt + V →《 ● 列幅》

※ Ctrl + Alt + V を押すと、《形式を選択して貼り付け》ダイアログボックスが表示されます。

55

11 セルの値だけを貼り付ける

数式が入力されたセルをコピーすると、セル参照が自動的に調整されるため、貼り付け先にはコピー元の値とは異なった値が表示されることがあります。
数式の値をほかのセルで利用したい場合は、値だけを貼り付けます。値だけを貼り付けするには、貼り付けのオプションの「値」を使います。コピー元と貼り付け先の表の体裁が異なる場合も、値だけを貼り付ければ、表の体裁を崩すことはありません。

File Open ブック「2-11」を開いておきましょう。

操作 セル範囲を選択→ Ctrl + C →セルを選択→ Ctrl + V → (Ctrl)▼ (貼り付けのオプション)→ 123 (値)

操作

① シート「**新宿教室**」のセル範囲【H4:H10】を選択します。
※セル【H4】を選択後、 Ctrl + Shift + ↓ を押すと効率よく選択できます。
※セル範囲【H4:H10】にはSUM関数が入力されています。
② Ctrl + C を押します。

③ シート「**売上表**」のセル【G4】を選択します。
④ Ctrl + V を押します。

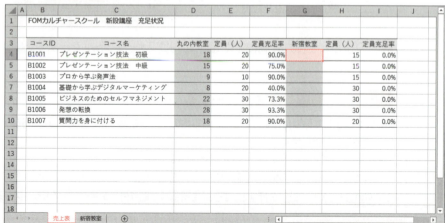

⑤数式がコピー元の書式で貼り付けられます。

⑥ 📋(Ctrl)▼ (貼り付けのオプション)→《値の貼り付け》の 📋(値)をクリックします。

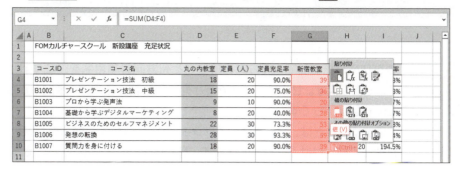

⑦値だけが貼り付けられます。

> **Point** 演算した値に変更して貼り付ける
>
> 「現在の数値を1000で割って千単位の数値に変更したい」、「税別価格を税込価格に変更したい」というような場合、基準となるセルを設け、そのセルを使って貼り付け先の数値を演算した値に変更できます。表に列を追加せずに数値を置き換えることができるので効率的です。
> 基準となるセルを使って演算した値に変更する方法は、次のとおりです。
>
> ◆演算する基準となるセルを選択→ Ctrl + C →演算するセル範囲を選択→ Ctrl + Alt + V →《演算》の一覧から選択
>
> ●各科目の点数に一律25点を加算する
>
>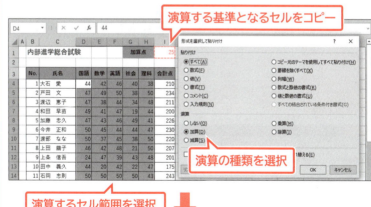
>
>
>
> 演算した結果が貼り付けられる

57

12 表の行列を入れ替えて貼り付ける

5分短縮

表を作成したあとで、行方向の項目名と列方向の項目名を逆にすればよかったと思うこともあります。セルのコピーで行と列を入れ替えるのは、手間もかかるし誤入力のもとにもなりがちです。
このようなときは、貼り付けのオプションの「行列を入れ替える」を使うと、行と列を入れ替えて貼り付けることができます。表を作成し直す必要がなく、とても便利です。

File Open ブック「2-12」を開いておきましょう。

操作 セル範囲を選択→ Ctrl + C →セルを選択→ Ctrl + V → (Ctrl)▼(貼り付けのオプション)→ (行列を入れ替える)

操作

①セル範囲【B3:F11】を選択します。
※セル【B3】を選択後、 Ctrl + Shift + End を押すと効率よく選択できます。キーボードによっては、 Ctrl + Shift + Fn + End を押します。
② Ctrl + C を押します。
③セル【B13】を選択します。
④ Ctrl + V を押します。
⑤データが貼り付けられます。
⑥ (Ctrl)▼(貼り付けのオプション)→《貼り付け》の (行列を入れ替える)をクリックします。

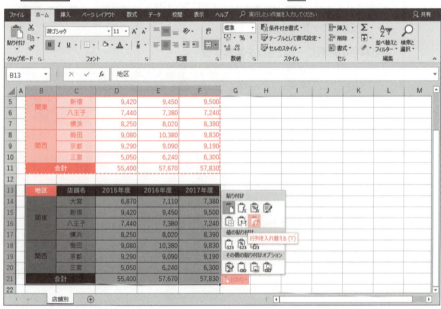

⑦行と列を入れ替えて表が貼り付けられます。

第3章

知らないと損する
便利な関数13の技

1	SUM関数をボタン1つで入力する	60
2	列全体の数値を合計する	64
3	データの種類ごとにセルの個数を数える	66
4	条件をもとに結果を表示する	68
5	条件を満たす数値を合計する	71
6	条件を満たすセルの個数を求める	72
7	複数の条件を満たす数値を合計する	74
8	複数の条件を満たすセルの個数を求める	76
9	参照表から目的のデータを取り出す	78
10	行と列を指定して参照表からデータを取り出す	80
11	数式がエラーの場合メッセージを表示する	82
12	日付を計算して勤続年月を求める	84
13	都道府県名とそれ以外の住所を別のセルに分割する	86

1 SUM関数をボタン1つで入力する

SUM関数

2分短縮

売上を集計する表では、商品ごとの小計や総計、年間の売上合計など、様々な合計を求めます。合計はSUM関数を使って求め、Σ（合計）を使うと、キーボードから入力しなくても簡単に入力できます。

Σ（合計）は、計算対象の数値と計算結果を表示するセルを選択した状態で使うと、商品ごとの小計と合計をまとめて計算できます。また、計算対象の範囲にSUM関数で求めた小計が含まれていると、小計のセルを自動的に認識して、総計を計算することができます。

どのような場合に、Σ（合計）を使って簡単に計算できるのかをおさえておくと、表作成の時間短縮にもつながります。

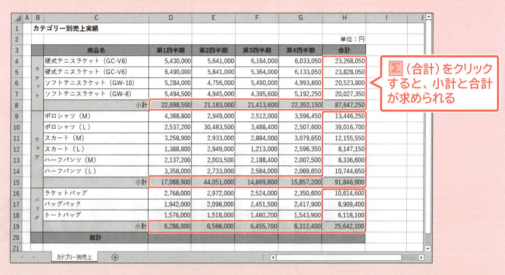

Σ（合計）をクリックすると、小計と合計が求められる

Σ（合計）をクリックすると、小計のセルが自動的に認識され、総計が求められる

File Open ブック「3-1」を開いておきましょう。

> **操作** セル範囲を選択→《ホーム》タブ→《編集》グループの Σ（合計）

操 作

①セル範囲【D4:H8】を選択します。
②　Ctrl　を押しながら、セル範囲【D9:H15】、セル範囲【D16:H19】を選択します。
③《ホーム》タブ→《編集》グループの Σ（合計）をクリックします。

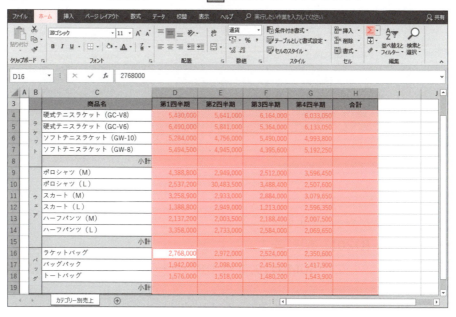

④8行目、15行目、19行目に小計、H列に合計が表示されます。
⑤セル【D8】を選択します。
⑥数式バーに「=SUM(D4:D7)」と表示されていることを確認します。
※その他の小計または合計のセルを選択して、数式を確認しておきましょう。

⑦セル範囲【D20:H20】を選択します。

⑧《ホーム》タブ→《編集》グループの Σ（合計）をクリックします。

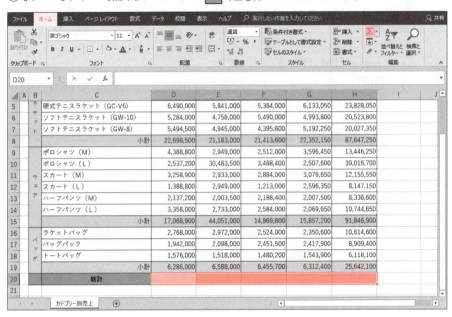

⑨総計が表示されます。

⑩セル【D20】を選択します。

⑪数式バーに「=SUM(D19,D15,D8)」と表示されていることを確認します。

※その他の総計のセルを選択して、8行目、15行目、19行目の小計が引数に含まれていることを確認しておきましょう。

Point ∑▼(合計)からSUM関数以外の関数を入力する

∑▼(合計)の▼をクリックして表示される一覧からは、SUM関数以外の関数を入力することができます。

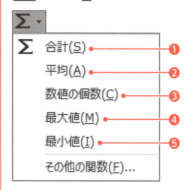

❶ 合計
SUM関数を入力します。

❷ 平均
AVERAGE関数を入力します。AVERAGE関数は、指定した数値や範囲の平均を求めます。

❸ 数値の個数
COUNT関数を入力します。COUNT関数は、指定した数値や範囲内で数値データが入力されているセルの個数を求めます。

❹ 最大値
MAX関数を入力します。MAX関数は、指定した数値や範囲内の最大値を求めます。

❺ 最小値
MIN関数を入力します。MIN関数は、指定した数値や範囲内の最小値を求めます。

Point 連続してデータが入力されていない表の合計を求める

合計をひとつずつ求める場合は、合計を求めるセルを選択して∑(合計)をクリックします。このとき、計算対象のセル範囲は、隣接するセルから連続して数値が入力されているセルまでが計算対象として自動認識されます。

計算対象の行または列に空白セルが含まれると、数値が入力されているセルの連続性がなくなるため、自動認識の範囲は空白セルのひとつ前のセルまでになります。

空白セルが含まれている計算対象の合計を求める場合、空白セルを含む計算対象のセル範囲と計算結果を表示するセルを選択してから∑(合計)を使うと、セル範囲に空白セルも含めたセル範囲が計算対象として自動認識されます。

●セル【H4】を選択して∑(合計)をクリック

数値が連続して入力されているセルまでの範囲が計算対象になる

●セル範囲【D4:H4】を選択して∑(合計)をクリック

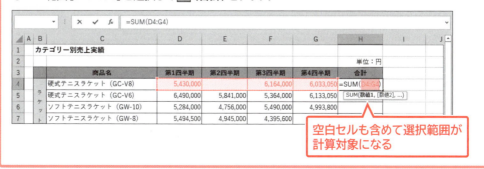

空白セルも含めて選択範囲が計算対象になる

2 列全体の数値を合計する
SUM関数

日々、入力される売上データをもとに、売上金額の合計を求めるような場合、「=SUM（H4:H35）」のようにセル範囲で計算対象を指定しておくと、データが追加されるたびにセル範囲を変更する必要があり、効率的ではありません。
このようなときは、SUM関数の計算対象の範囲として、列全体を指定すると、何件データが追加されても、数式を修正する必要がなく、最新の集計結果を確認することができます。

File Open

ブック「3-2」を開いておきましょう。

列全体を合計する関数
関数 ＝SUM（G:G）
　　　　　　❶
❶G列全体を合計する

操 作

①セル【K3】を選択します。
※ここでは、数量の合計を求めます。
②《ホーム》タブ→《編集》グループの Σ （合計）をクリックします。
③列番号【G】をポイントし、マウスポインターの形が ↓ に変わったら、クリックします。

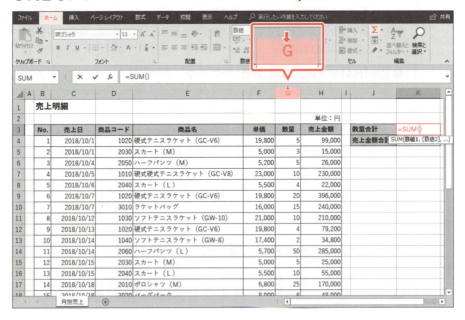

④数式バーに「=SUM(G:G)」と表示されていることを確認します。
※範囲内の文字列や空白セルは計算の対象になりません。

⑤ Enter を押します。
※ Σ (合計)を再度クリックして確定することもできます。

⑥数量(G列全体)の合計が求められます。

⑦同様に、セル【K4】に売上金額(H列全体)を合計するSUM関数を入力します。

※36行目にデータを追加して、合計が更新されることを確認しておきましょう。

> **Point** 計算対象に行全体・列全体を指定するときの注意点
>
> 行全体・列全体の数値を合計する数式を計算対象と同じ行または列のセルに入力すると、数式も計算対象に含まれてしまい(循環参照)正しく計算を実行することができません。
> 計算対象として行全体・列全体を指定する場合は、計算対象以外の行または列に数式を入力します。

3 データの種類ごとにセルの個数を数える

COUNTA関数　COUNTBLANK関数

表に入力されているデータの個数を数える場合、COUNT関数を使うと、指定した範囲内にある数値の個数を求めることができますが、文字列が入力されているセルの個数は数えることができません。
そのようなときは、「COUNTA関数」を使うと、空白セル以外のデータの個数を数えることができます。指定した範囲内に数値や文字列などのデータが何か入力されていれば、入力済みのセルとして個数を数えることができます。空白セルの個数を数える場合は、「COUNTBLANK関数」を使います。
このように、個数を求める対象のデータの種類によって、COUNTA関数、COUNTBLANK関数を使い分けます。

File Open　ブック「3-3」を開いておきましょう。

関数

入力済みのセルの個数を数える関数

＝COUNTA（B4：B15）
　　　　　　❶

❶ セル範囲【B4：B15】から数値や文字列のデータが入力されているセルの個数を数える

空白セルの個数を数える関数

＝COUNTBLANK（C4：C15）
　　　　　　　　❶

❶ セル範囲【C4：C15】から空白のセルの個数を数える

操作

① セル【G3】に「=COUNTA（B4：B15）」と入力します。

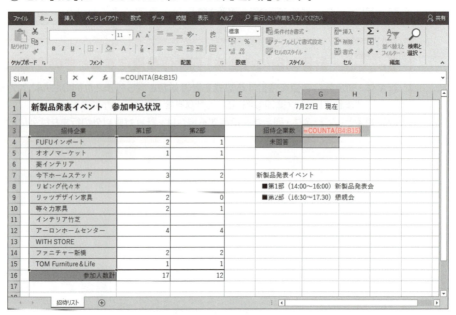

②招待企業数が表示されます。

③セル【G4】に、「=COUNTBLANK(C4:C15)」と入力します。

④未回答の企業数が表示されます。

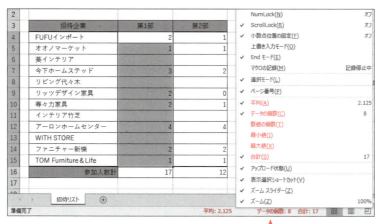

> **Point** オートカルクで計算結果を確認する
>
> データの入力されたセルを範囲選択すると、ステータスバーに合計や平均などの値が表示されます。この機能を「オートカルク」といいます。関数を入力しなくても、計算結果をすぐに確認できます。
> オートカルクで表示できる計算の種類には、「数値の個数」「最小値」「最大値」などがあります。計算の種類を変更するには、ステータスバーを右クリックし、一覧から選択します。

選択したセル範囲の計算結果が表示される

67

4 条件をもとに結果を表示する
IF関数

3分短縮

試験の合否判定をするとき、合格基準点を満たしていれば「合格」、満たしていなければ「不合格」と、ひとつひとつ確認して入力するのは時間もかかり、入力ミスも心配です。このようなときは、「IF関数」を使うと、指定した条件を満たしている場合と満たしていない場合で異なる文字列を表示したり、異なる計算処理を実施したりすることができます。

IF関数は、引数に判断の基準となる数式として論理式を指定します。論理式が成り立つ「真」の場合と、成り立たない「偽」の場合に、それぞれどのような処理をするのかを指定すれば真偽を判定して結果を表示します。ひとつひとつ確認しながら作業する手間を省くことができます。

File Open　ブック「3-4」を開いておきましょう。

条件をもとに結果を表示する関数

関数　=IF(H5>=$I$2,"合格","不合格")
　　　　　　①　　　　　②

❶ セル【H5】の合計点がセル【I2】の合格基準点以上という条件
❷ ❶の条件を満たす場合は「合格」、満たさない場合は「不合格」と表示する

操作

① セル【I5】に「=IF(H5>=$I$2,"合格","不合格")」と入力します。
※数式をコピーするため、セル【I2】は常に同じセルを参照するように絶対参照にします。
※絶対参照を指定するには、F4 を使用すると効率的です。
※表示する文字列は「"(ダブルクォーテーション)」で囲みます。

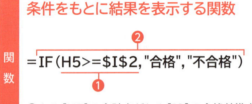

②条件に合わせて結果が表示されます。

③セル【I5】を選択し、セル右下の■（フィルハンドル）をダブルクリックします。

④数式がコピーされ、条件に合わせて結果が表示されます。

	A	B	C	D	E	F	G	H	I	J
1			ウェブ総合検定試験							
2								合格基準点	160	
3										
4		No.	氏名	リテラシー	デザイン	ディレクション	プログラミング	合計点	合否	
5		1	大石 愛	44	42	46	40	172	合格	
6		2	戸田 文	47	49	50	38	184	合格	
7		3	渡辺 恵子	47	38	44	34	163	合格	
8		4	和田 早苗	49	41	47	19	156	不合格	
9		5	加藤 忠久	47	43	46	49	185	合格	
10		6	今井 正和	50	45	44	44	183	合格	
11		7	渡部 なな	50	37	45	38	170	合格	
12		8	上田 麗子	46	42	48	21	157	不合格	
13		9	上条 信吾	24	47	39	43	153	不合格	
14		10	田中 義久	44	20	42	22	128	不合格	
15		11	石岡 忠則	50	50	50	50	200	合格	
16		12	田村 尚子	48	40	44	42	174	合格	
17		13	小松 弘美	38	38	39	39	154	不合格	

※絶対参照にしたセル【I2】が固定されていることを確認しておきましょう。

Point　複数の条件をIF関数で指定する

条件が複数ある場合や、3通り以上に処理を分岐する場合は、論理式の部分にAND関数やOR関数を組み込んだり、真や偽の場合の処理にもう1つIF関数を組み込んだりすることができます。
このように関数の中に関数を組み込むことを「関数のネスト」といいます。
例えば、合格の条件として、合計点が合格基準点を超えていることに加えて、どの科目も最低30点以上を取得していることのように、条件が複数になる場合、IF関数の論理式の部分に「AND関数」を使って、複数の論理式を指定します。

❷
=IF(AND(H5>=$I$2,MIN(D5:G5)>=30),"合格","不合格")
❶

❶セル【H5】の合計点がセル【I2】の合格基準点以上、かつ、セル範囲【D5:G5】の各科目が30点以上という条件
❷❶の条件を満たす場合は「合格」、満たさない場合は「不合格」と表示する

Point　絶対参照を入力する

絶対参照を指定する際の「$」は、F4 を使うと簡単に入力できます。F4 を連続して押すと、「$C$3」（列行ともに固定）、「C$3」（行だけ固定）、「$C3」（列だけ固定）、「C3」（固定しない）の順に切り替わります。

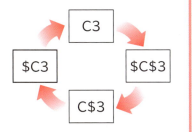

Point セルの参照

数式を入力する場合、直接数値を入力するより、セルを参照して入力する機会の方が多いでしょう。
セルの参照方法には、次の3つがあります。

● 相対参照

「相対参照」は、数式を入力したセルからの位置関係を表す形式です。数式を別のセルへコピーすると、参照先も自動的に調整されます。

● 絶対参照

「絶対参照」は、特定の位置にあるセルを必ず参照する形式です。数式を別のセルにコピーしても、参照先は固定されたままで調整されません。参照先を絶対参照で指定するには、「$」を付けます。

● 複合参照

「複合参照」は、参照先のセルの列または行のどちらか一方を絶対参照し、もう一方を相対参照する形式です。数式を別のセルにコピーすると、参照先は列または行の一方が固定されたまま、もう一方は自動的に調整されます。

5 条件を満たす数値を合計する

SUMIF関数

2分 短縮

講座の区分ごとに売上合計を出す場合、フィルターを使うとデータを絞り込んでから集計することができます。ただし、フィルターの抽出条件を変更すると、集計結果も抽出条件に合わせて変更されてしまうため、集計結果を残しておくことはできません。
このようなときは、「SUMIF関数」を使って、区分ごとに売上合計を求めます。SUMIF関数は、指定した範囲内で条件を満たしているセルの合計を求めることができます。

File Open

ブック「3-5」を開いておきましょう。

条件を満たす数値を合計する関数

関数

=SUMIF($E$4:$E$29,K4,$I$4:$I$29)
                        ❶

❶ E列の「区分」からセル【K4】の「経営」を検索し、対応するI列の「金額」の値を合計する

操作

①セル【M4】に「=SUMIF($E$4:$E$29,K4,$I$4:$I$29)」と入力します。

※数式をコピーするため、セル範囲【E4:E29】、セル範囲【I4:I29】は常に同じセルを参照するように絶対参照にします。

※数式が折り返される場合は、数式バーで確認しましょう。

②区分が経営の売上合計が表示されます。

③セル【M4】を選択し、セル右下の■（フィルハンドル）をダブルクリックします。

④数式がコピーされ、そのほかの区分の合計が表示されます。

6 条件を満たすセルの個数を求める
COUNTIF関数

1分短縮

「○」や「×」が入力されている表から「○」の個数だけを数えたり、「×」の個数だけを数えたりしたい場合があります。
このようなときは、「COUNTIF関数」を使うと、指定した条件に一致するセルの個数を求めることができます。条件には、数値や数式だけでなく、文字列を指定することもできるので、入力済みのデータから「○」と入力されているセルの個数を数えることができます。

「○」の個数を求める

File Open ブック「3-6」を開いておきましょう。

> **条件を満たすセルの個数を数える関数**
>
> 関数 ＝COUNTIF(D5:H5,"○")
> ❶
>
> ❶ セル範囲【D5:H5】から「○」が入力されているセルの個数を求める

操作

① セル【I5】に「=COUNTIF(D5:H5,"○")」と入力します。
※セル範囲【D5:H13】に入力されている「○」は記号です。

②「野村　桜」の出席回数が表示されます。
③セル【I5】を選択し、セル右下の■（フィルハンドル）をダブルクリックします。
④数式がコピーされ、そのほかの社員の出席回数が表示されます。

Point ○が正しく数えられない場合の対処方法

「○」の数が正しく計算されなかった場合は、入力した数式の「○」ともとの表に入力されている「○」が同じかどうかを確認します。記号の「○」と漢数字の「〇」が混在していると別のデータとして認識されてしまうので、このような場合は、表記を統一して入力し直します。ほかにも、英数字の全角と半角、空白の誤入力などにも気を付けましょう。

Point 重複データを入力できないようにする

データの入力規則の条件にCOUNTIF関数を設定することで、重複するデータを入力できないようにすることができます。入力したデータが範囲内で重複している場合は、エラーを表示します。
データの入力規則の条件に、COUNTIF関数を設定する方法は、次のとおりです。

◆入力規則を設定するセル範囲を選択→《データ》タブ→《データツール》グループの （データの入力規則）→《設定》タブ→《入力値の種類》の →《ユーザー設定》→《数式》に「＝COUNTIF（B：B, B1）＝1」と入力

※条件に設定した数式は、「B列の中でセル【B1】の値を検索し、一致するセルの個数が「1」である」という意味です。

7 複数の条件を満たす数値を合計する
SUMIFS関数

1分短縮

売上データから、担当者別に特定の金額以上の売上を集計したり、店舗別に特定の商品の売上を集計したりというように、複数の条件をかけ合わせた集計を「クロス集計」といいます。Excelには、クロス集計ができる関数が用意されているので、フィルターを使って集計する必要はありません。
クロス集計を行うには、「SUMIFS関数」を使います。SUMIFS関数は、指定した範囲内で複数の条件をすべて満たすセルの合計を求めることができます。SUMIF関数とは引数の指定順序が異なるので注意が必要です。

> 担当者別に単価10,000円以上の商品の売上数を求める

File Open ブック「3-7」を開いておきましょう。

関数

複数の条件を満たす数値を合計する関数

=SUMIFS(数量, 販売担当者, K4, 単価, ">=10000")
　　　　　❷　　　　　❶

❶ 名前「販売担当者」の範囲からセル【K4】の担当者名と一致する、かつ、名前「単価」の範囲から10,000円以上という条件
❷ ❶の条件を満たす名前「数量」の値を合計する
※H列の数量の範囲には名前「数量」、D列の販売担当者の範囲には名前「販売担当者」、G列の単価の範囲には名前「単価」をあらかじめ定義しています。

操作

①セル【L4】に「=SUMIFS(数量, 販売担当者, K4, 単価, ">=10000")」と入力します。
※名前の範囲を指定する場合、先頭のセルを選択し、[Ctrl]+[Shift]+[↓]を押してもかまいません。
※数式が折り返される場合は、数式バーで確認しましょう。

②「島　信一郎」の数量の合計が表示されます。
③セル【L4】を選択し、セル右下の■（フィルハンドル）をダブルクリックします。
④数式がコピーされ、そのほかの担当者の合計が表示されます。

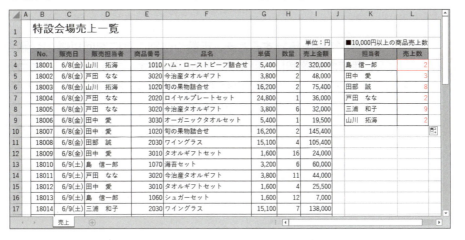

> **Point** 名前の定義方法
>
> 表のそれぞれの列に名前を定義すると、関数の引数に利用できます。
> 名前には、表の項目名をそのまま利用できます。ひとつひとつ範囲を選択して、名前を入力する必要がないので効率的です。
> 項目名を使って名前を定義する方法は、次のとおりです。
>
> ◆セル範囲を選択→《数式》タブ→《定義された名前》グループの ［選択範囲から作成］（選択範囲から作成）
>
>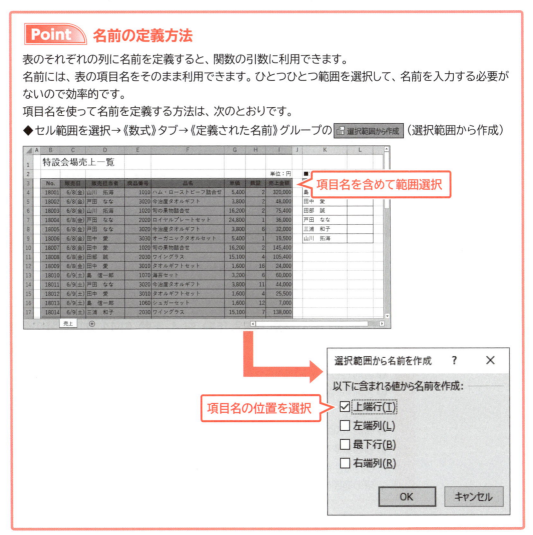

8 複数の条件を満たすセルの個数を求める

COUNTIFS関数

4分短縮

アンケート結果を集計するとき、年齢や性別ごとに次回以降の受講希望者数を確認したり、理解度を確認したりすることがあります。このように、いくつかの条件に応じて回答人数を求めたい場合、複数の基準で並べ替えを行えば、希望に沿った集計をすることは可能ですが、時間もかかり大変です。
このようなとき、「COUNTIFS関数」を使うと、複数の条件をすべて満たすセルの個数を求めることができます。

年代ごと、性別ごとに次回以降も受講を希望すると回答した人数を求める

File Open ブック「3-8」を開いておきましょう。

複数の条件を満たすセルの個数を数える関数

❹
=COUNTIFS(性別, N$3, 年齢, $L4, 年齢, $M4, 次回以降の受講希望, "希望する")
　　　　　　❶　　　　　❷　　　　　　　　❸

関数

❶ 名前「性別」の範囲からセル【N3】の性別と一致するという条件
❷ 名前「年齢」の範囲からセル【L4】と一致する、名前「年齢」の範囲からセル【M4】と一致するという条件
❸ 名前「次回以降の受講希望」の範囲から「希望する」が入力されているという条件
❹ ❶❷❸すべての条件を満たすセルの個数を数える

※ C列の性別の範囲には名前「性別」、D列の年齢の範囲には名前「年齢」、I列の次回以降の受講希望の範囲には名前「次回以降の受講希望」をあらかじめ定義しています。

操 作

①セル【N4】に「=COUNTIFS（性別,N$3,年齢,$L4,年齢,$M4,次回以降の受講希望,"希望する")」と入力します。

※数式をコピーするため、行【3】、列【L】【M】は、常に同じ行または列を参照するように複合参照にします。
※名前の範囲を指定する場合、先頭のセルを選択し、Ctrl + Shift + ↓ を押してもかまいません。
※数式が折り返される場合は、数式バーで確認しましょう。

②次回以降受講を希望する10代男性の人数が表示されます。

③セル【N4】を選択し、セル右下の■（フィルハンドル）をセル【O4】までドラッグします。

④セル範囲【N4:O4】を選択し、セル範囲右下の■（フィルハンドル）をダブルクリックします。

⑤数式がコピーされ、次回以降受講を希望する年代と、性別ごとに人数が表示されます。

77

9 参照表から目的のデータを取り出す

VLOOKUP関数

15分短縮

売上データを入力するときに、得意先コードを入力するだけで得意先名が自動的に表示されたら、便利なうえに入力間違いにも気付きやすいです。
このような要求に応えるのが「VLOOKUP関数」です。VLOOKUP関数を使うと、キーとなる番号に該当するデータを参照表から検索し、対応する値を表示できます。
VLOOKUP関数は、知っていると作業効率がアップする関数のひとつです。

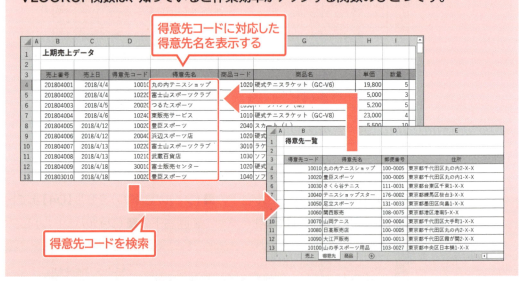

File Open ブック「3-9」を開いておきましょう。

参照表から目的のデータを取り出す関数

関数 =VLOOKUP（D4,得意先!$B$4:$G$35,2,FALSE）
　　　　　　　　　　　❶

❶ セル【D4】の得意先コードの値を、シート「得意先」のセル範囲【B4:G35】の1列目から検索して値が一致するとき、その行の左から2列目のデータを表示する

操作

① シート「売上」のセル【E4】に「=VLOOKUP(D4,得意先!$B$4:$G$35,2,FALSE)」と入力します。

※数式をコピーするため、検索する範囲は常に同じ範囲を参照するように絶対参照にします。

②得意先コードに対応する得意先名が表示されます。
③セル【E4】を選択し、セル右下の■(フィルハンドル)をダブルクリックします。
④数式がコピーされ、得意先コードに対応する得意先名が表示されます。

	A	B	C	D	E	F	G	H	I
1	上期売上データ								
2									
3	売上番号	売上日		得意先コード	得意先名	商品コード	商品名	単価	数量
4	201804001	2018/4/4		10010	丸の内テニスショップ	1020	硬式テニスラケット（GC-V6）	19,800	5
5	201804002	2018/4/4		10220	富士山スポーツクラブ	2030	スカート（M）	5,000	3
6	201804003	2018/4/5		20020	つるたスポーツ	2050	ハーフパンツ（M）	5,200	5
7	201804004	2018/4/6		10240	東販売サービス	1010	硬式テニスラケット（GC-V8）	23,000	4
8	201804005	2018/4/12		10020	豊臣スポーツ	2040	スカート（L）	5,500	10
9	201804006	2018/4/12		20040	浜辺スポーツ店	1020	硬式テニスラケット（GC-V6）	19,800	4
10	201804007	2018/4/13		10220	富士山スポーツクラブ	3010	ラケットバッグ	16,000	15
11	201804008	2018/4/13		10210	武蔵百貨店	1030	ソフトテニスラケット（GW-10）	21,000	20
12	201804009	2018/4/18		30010	富士販売センター	1020	硬式テニスラケット（GC-V6）	19,800	30
13	201803010	2018/4/18		10020	豊臣スポーツ	1040	ソフトテニスラケット（GW-8）	17,400	10
14	201804011	2018/4/18		10120	山猫スポーツ	2060	ハーフパンツ（L）	5,700	15
15	201804012	2018/4/19		10110	海山スポーツ用品	2030	スカート（M）	5,000	4
16	201804013	2018/4/19		20020	つるたスポーツ	2040	スカート（L）	5,500	4
17	201804014	2018/4/19		10020	豊臣スポーツ	2010	ポロシャツ（M）	6,800	2

Point　検索方法にTRUEを指定する場合

VLOOKUP関数では、4つ目の引数として検索方法を指定します。検索方法に「TRUE」を指定すると、データが一致しない場合に検索値未満で最大値を参照します。「TRUE」を指定する場合は、左端の検索値のデータを昇順に並べておく必要があります。

※検索する範囲のセル範囲【I4:I6】とセル範囲【J4:J5】は表示形式を使って「以上」「未満」をそれぞれ表示しています。

Point　VLOOKUP関数とHLOOKUP関数の使い分け

VLOOKUP関数を使うときに、気を付けなければいけないのが、参照表の構成です。VLOOKUP関数を使う場合、参照表は縦方向に入力されていなければならず、左端の列にキーとなる番号を入力しておく必要があります。
逆に、参照表の向きが横方向に入力されている場合は、「HLOOKUP関数」を使うと、同じように対応する値を表示することができます。

10 行と列を指定して参照表からデータを取り出す

INDEX関数　MATCH関数

商品の単価を注文数に応じて設定している場合、顧客の注文数を見て対応する料金を確認しながら入力すると見間違いなどのミスが起こりがちです。
このようなとき、「INDEX関数」と「MATCH関数」を組み合わせて使うと便利です。INDEX関数は行と列の交点のデータを取り出します。MATCH関数は、行項目と列項目の位置を求めます。MATCH関数で求めた行と列の位置をINDEX関数の行番号と列番号に指定すれば、指定した行と列の交点のデータを取り出すことができます。

種類／注文数	200	100	50	30	10
Tシャツ（半袖）	900	960	1,080		
Tシャツ（長袖）	1,125	1,200	1,350	1,4	
ドライTシャツ（半袖）	1,200	1,280	1,440	1,520	1,600
ドライTシャツ（長袖）	1,500	1,600	1,800	1,900	2,000
パーカー	2,100	2,240	2,520	2,660	2,800
半被	825	880	990	1,045	1,100
エプロン	795	848	954	1,007	1,060
カフェエプロン	675	720	810	855	900
トートバッグ	975	1,040	1,170	1,235	1,300
リストバンド	300	320	360	380	400
キャップ	570	608	684	722	760

→種類と注文数の交点を求める

No.	種類	注文数	単価（1枚）	金額
1	Tシャツ（半袖）	50	¥1,080	
2	カフェエプロン	10	¥900	
3	エプロン	10	¥1,060	¥10,600
4	トートバッグ	45	¥1,170	¥52,650
	合計			¥126,250

→種類と注文数に応じた単価を表示する

File Open ブック「3-10」を開いておきましょう。

行と列を指定して参照表からデータを取り出す関数

関数
=INDEX($I$7:$M$17,MATCH(C7,$H$7:$H$17,0),MATCH(D7,$I$6:$M$6,-1))
　　　　　　　　　❶　　　　　　　　　　　❷

❸は全体を指す

❶ セル【C7】の種類をセル範囲【H7:H17】から検索し、検索範囲内で何行目にあるかを求める
❷ セル【D7】の注文数をセル範囲【I6:M6】から検索し、検索範囲内で注文数以上の値の最小値が何列目にあるかを求める
❸ セル範囲【I7:M17】の中で、❶で検索した行数と❷で検索した列数の交差するデータを表示する

操作

① セル【E7】に「=INDEX($I$7:$M$17,MATCH(C7,$H$7:$H$17,0),MATCH (D7,$I$6:$M$6,−1))」と入力します。

※数式をコピーするため、検索範囲は常に同じ範囲を参照するように絶対参照にします。

② 「Tシャツ（半袖）」と「50」枚に対応する単価が表示されます。

③ セル【E7】を選択し、セル右下の■（フィルハンドル）をダブルクリックします。

④ 数式がコピーされ、種類と注文数に対応する単価が表示されます。

Point MATCH関数の検索方法

MATCH関数では、3つ目の引数として検索方法を指定します。
検索方法は、次のように指定します。

検索方法	説明
0	完全に一致するものを検索します。
1	検索値が見つからない場合には、検索値以下の最大値を参照します。検索範囲は昇順に並べておく必要があります。
-1	検索値が見つからない場合には、検索値以上の最小値を参照します。検索範囲は降順に並べておく必要があります。

81

11 数式がエラーの場合メッセージを表示する
IFERROR関数

売上表で前年度比を計算するとき、「今年度の売上実績÷前年度の売上実績」で、前年度比が計算できます。このとき、計算対象となる今年度の売上実績と前年度の売上実績に文字列が入力されていると、計算できずにエラーが表示されます。エラーとなったセルを参照した数式があると、その数式にもエラーが表示されます。

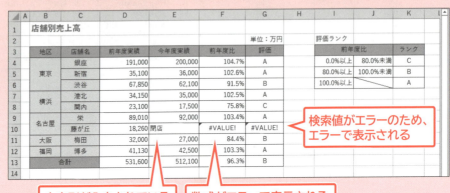

文字列が入力されている
数式がエラーで表示される
検索値がエラーのため、エラーで表示される

このようなときは、「IFERROR関数」を使って、数式の結果に合わせて処理を分岐します。IFERROR関数では、数式がエラーかどうかをチェックして、エラーでない場合は数式の結果を表示し、エラーの場合は、メッセージなどの文字列を表示できます。

File Open ブック「3-11」を開いておきましょう。

前年度比の計算結果がエラーの場合にメッセージを表示する関数

=IFERROR(E4/D4,"-")
　　　　　①　　②

① セル【E4】をセル【D4】で割って前年度比を求める
② ①の数式がエラーであれば「-(ハイフン)」を表示し、そうでなければ①の結果を表示する

評価の計算結果がエラーの場合にメッセージを表示する関数

=IFERROR(VLOOKUP(F4,$I$4:$K$6,3,TRUE),"-")
　　　　　　　　　　①　　　　　　　　　②

① セル【F4】の前年度比の値を、セル範囲【I4:K6】の1列目からセル【F4】よりも小さい値の最大値を検索し、その行の左から3列目のデータを表示する
② ①の数式がエラーであれば「-(ハイフン)」を表示し、そうでなければ①の結果を表示する

操　作

① セル【F4】の数式を「=IFERROR(E4/D4,"−")」に修正します。

※セル【F4】を選択し、F2を押すとセルが編集状態になります。

※表示する文字列は「"（ダブルクォーテーション）」で囲みます。

SUM			✕ ✓ ƒx	=IFERROR(E4/D4,"−")				

	地区	店舗名	前年度実績	今年度実績	前年度比	評価		前年度比		ランク
1	店舗別売上高									
2					単位：万円		評価ランク			
3	地区	店舗名	前年度実績	今年度実績	前年度比	評価		前年度比		ランク
4	東京	銀座	191,000	200,000	=IFERROR(E4/D4,"−")		0.0%以上	80.0%未満	C
5		新宿	35,100	36,000	102.6%	A	80.0%以上	100.0%未満	B
6		渋谷	67,850	62,100	91.5%	B	100.0%以上		A
7	横浜	港北	34,150	35,000	102.5%	A			
8		関内	23,100	17,500	75.8%	C			
9	名古屋	栄	89,010	92,000	103.4%	A			
10		藤が丘	18,260 閉店		#VALUE!	#VALUE!			
11	大阪	梅田	32,000	27,000	84.4%	B			
12	福岡	博多	41,130	42,500	103.3%	A			
13	合計		531,600	512,100	96.3%	B			

売上高

② セル【G4】の数式を「=IFERROR(VLOOKUP(F4, $I$4：$K$6,3,TRUE),"−")」に修正します。

SUM			✕ ✓ ƒx	=IFERROR(VLOOKUP(F4,$I$4:$K$6,3,TRUE),"−")				

	地区	店舗名	前年度実績	今年度実績	前年度比	評価		前年度比		ランク
1	店舗別売上高									
2					単位：万円		評価ランク			
3	地区	店舗名	前年度実績	今年度実績	前年度比	評価		前年度比		ランク
4	東京	銀座	191,000		=IFERROR(VLOOKUP(F4,$I$4:$K$6,3,TRUE),"−")			80.0%未満	C
5		新宿	35,100	36,000	102.6%	A	80.0%以上	100.0%未満	B
6		渋谷	67,850	62,100	91.5%	B	100.0%以上		A
7	横浜	港北	34,150	35,000	102.5%	A			
8		関内	23,100	17,500	75.8%	C			
9	名古屋	栄	89,010	92,000	103.4%	A			
10		藤が丘	18,260 閉店		#VALUE!	#VALUE!			
11	大阪	梅田	32,000	27,000	84.4%	B			
12	福岡	博多	41,130	42,500	103.3%	A			
13	合計		531,600	512,100	96.3%	B			

売上高

③ セル範囲【F4：G4】を選択し、セル範囲右下の■（フィルハンドル）をダブルクリックします。

④ 数式がコピーされ、結果がエラーの場合指定した文字列が表示されます。

	地区	店舗名	前年度実績	今年度実績	前年度比	評価		前年度比		ランク
1	店舗別売上高									
2					単位：万円		評価ランク			
3	地区	店舗名	前年度実績	今年度実績	前年度比	評価		前年度比		ランク
4	東京	銀座	191,000	200,000	104.7%	A	0.0%以上	80.0%未満	C
5		新宿	35,100	36,000	102.6%	A	80.0%以上	100.0%未満	B
6		渋谷	67,850	62,100	91.5%	B	100.0%以上		A
7	横浜	港北	34,150	35,000	102.5%	A			
8		関内	23,100	17,500	75.8%	C			
9	名古屋	栄	89,010	92,000	103.4%	A			
10		藤が丘	18,260 閉店		−	−			
11	大阪	梅田	32,000	27,000	84.4%	B			
12	福岡	博多	41,130	42,500	103.3%	A			
13	合計		531,600	512,100	96.3%	B			

売上高

83

12 日付を計算して勤続年月を求める

DATEDIF関数　CONCATENATE関数

社員名簿で入社年月日から勤続年月を求めるとき、ひとりずつ計算していくと、時間もかかり計算ミスも起こりがちです。また、勤続年月を更新していく手間もかかります。このようなときは、日付が入力されているセルを使うと、勤続年月を求めることができます。

日付を入力すると、日付の表示形式が自動的に設定され、セルには「シリアル値」と呼ばれる数値が格納されます。そのため、日付のセル同士を使って計算ができます。しかし、2つのセルを単に減算したのでは、日数の差が算出されるだけです。日付と日付の間の年数や月数、日数を求める場合は、「DATEDIF関数」を使います。DATEDIF関数では、単位を指定して日付と日付の差を表示することができます。

また、DATEDIF関数を使って求めた値を「○年○か月」といったように1つのセルに表示させるには、「CONCATENATE関数」を使います。CONCATENATE関数を使うと、文字列を結合して1つのセル内に表示できます。

　ブック「3-12」を開いておきましょう。

日付を計算して勤続年月を求める関数

関数

=CONCATENATE(DATEDIF(F4, $G$1, "y"), "年", DATEDIF(F4, $G$1, "ym"), "か月")
　　　　　　　❶　　　　　　　　　　　　　　❷
　　　　　　　　　　　　　❸

❶ セル【F4】の入社日からセル【G1】の本日の日付までの年数を求める
❷ セル【F4】の入社日からセル【G1】の本日の日付までの1年未満の月数を求める
❸ ❶で求めた年数と「年」、❷で求めた月数と「か月」を結合して表示する

操作

① セル【G4】に「=CONCATENATE(DATEDIF(F4,$G$1,"y"),"年",DATEDIF(F4,$G$1,"ym"),"か月")」と入力します。

※セル【G1】には、本日の日付を求めるTODAY関数が入力されています。
※数式をコピーするため、本日の日付は常にセル【G1】を参照するように絶対参照にします。
※DATEDIF関数の単位と文字列は「"（ダブルクォーテーション）」で囲みます。

②「**高木　一郎**」の勤続年月が表示されます。

※ここでは、本日の日付を「2018年7月30日」として計算しています。

③セル【**G4**】を選択し、セル右下の■（フィルハンドル）をダブルクリックします。

④数式がコピーされ、各社員の勤続年月が表示されます。

	管理番号	氏名	部署名	課名	入社日	勤続年月
1	社員名簿					2018/7/30 現在
2						
3	管理番号	氏名	部署名	課名	入社日	勤続年月
4	195701	髙木　一郎	総務部	人事課	1995/8/1	22年11か月
5	198703	市村　翔平	営業部	第2営業課	1998/10/1	19年9か月
6	199708	大橋　真由子	営業部	第1営業課	1999/10/1	18年9か月
7	200709	東　祐樹	営業部	第2営業課	2000/4/1	18年3か月
8	202710	田村　由紀	総務部	人事課	2002/10/1	15年9か月
9	204709	中村　晃彦	営業部	第1営業課	2004/4/1	14年3か月
10	204712	井上　信一郎	製造技術部	開発課	2004/4/1	14年3か月
11	206712	岡田　さつき	営業部	第1営業課	2006/10/1	11年9か月
12	208703	野中　駿	製造技術部	開発課	2008/4/1	10年3か月
13	209701	元村　藍子	営業部	第1営業課	2009/4/1	9年3か月
14	210715	篠田　宏昌	営業部	第1営業課	2010/11/1	7年8か月
15	212702	保科　健一	営業部	第2営業課	2012/4/1	6年3か月
16	212704	北野　理子	総務部	経理課	2012/6/1	6年1か月
17	214703	春田　信人	製造技術部	開発課	2014/4/1	4年3か月

名簿

Point **シリアル値を確認する**

「シリアル値」とは、Excelで日付や時刻の計算に使用されるコードのことで、1900年1月1日をシリアル値の「1」として1日ごとに「1」が加算されます。例えば、「2018年10月1日」は「1900年1月1日」から43374日目なので、シリアル値は「43374」になります。表示形式を「標準」に戻すと、シリアル値を確認できます。

Point **DATEDIF関数の単位**

DATEDIF関数で使用できる単位には、次のようなものがあります。

単位	意味	例
"y"	期間内の満年数	=DATEDIF("2017/1/1", "2018/2/5", "y")→1
"m"	期間内の満月数	=DATEDIF("2017/1/1", "2018/2/5", "m")→13
"d"	期間内の満日数	=DATEDIF("2017/1/1", "2018/2/5", "d")→400
"ym"	1年未満の月数	=DATEDIF("2017/1/1", "2018/2/5", "ym")→1
"yd"	1年未満の日数	=DATEDIF("2017/1/1", "2018/2/5", "yd")→35
"md"	1か月未満の日数	=DATEDIF("2017/1/1", "2018/2/5", "md")→4

13 都道府県名とそれ以外の住所を別のセルに分割する

IF関数 | MID関数 | LEFT関数 | RIGHT関数 | LEN関数

2分短縮

住所録を作成したあとで、1つのセルに入力した住所を、都道府県名とそれ以降を別々のセルに入力しておく必要があったと気付いたとき、最初から入力し直すのは、とても大変です。

このようなときは、「MID関数」、「RIGHT関数」、「LEFT関数」などの文字列関数を組み合わせて使うと、文字列を分割して取り出すことができます。

文字列を分割できるかどうかは、分割する際に基準となる文字列があることが重要です。例えば、住所から都道府県名を取り出す場合、文字列内の「県」の位置に注目します。都道府県名が4文字なのは、神奈川県、和歌山県、鹿児島県だけで、そのほかはすべて3文字です。都、道、府もすべて3文字なので、住所の4文字目が「県」であれば住所の左端から4文字を取り出し、4文字目が「県」でない場合は、住所の左端から3文字を取り出すことで、都道府県名だけ取り出せます。

神奈川 県 横浜市…　　　　東京都 港 区…

4文字目が「県」なので4文字取り出す　　4文字目が「県」ではないので3文字取り出す

都道府県名を取り出すことができたら、「住所全体の文字数－都道府県の文字数」で求められる文字数分の文字を住所の右側から取り出せば、都道府県名以外の住所になります。

神奈川県横浜市中区赤門町2-X-X

文字列の右端から、都道府県の文字数を除いた文字数分の文字を取り出す

File Open ブック「3-13」を開いておきましょう。

都道府県名を取り出す関数

=IF(MID(E4,4,1)="県",LEFT(E4,4),LEFT(E4,3))

（❹ は全体を囲む）

❶ セル【E4】の住所の4文字目から取り出した1文字が「県」であるという条件
❷ セル【E4】の住所の左端から4文字を取り出す
❸ セル【E4】の住所の左端から3文字を取り出す
❹ ❶の条件を満たす場合は、❷の結果を表示し、そうでなければ❸の結果を表示する

都道府県以降の住所を取り出す関数

=RIGHT(E4,LEN(E4)－LEN(F4))

❶ セル【E4】の住所全体の文字数からセル【F4】の都道府県名の文字数を引いた文字数を求める
❷ セル【E4】の住所の右端から❶で求めた文字数分の文字を取り出す

操作

①セル【F4】に「=IF(MID(E4,4,1)="県",LEFT(E4,4),LEFT(E4,3))」と入力します。

②都道府県名「**北海道**」が表示されます。

③セル【G4】に「=RIGHT(E4,LEN(E4)-LEN(F4))」と入力します。

④都道府県名以外の住所が表示されます。

⑤セル範囲【F4:G4】を選択し、セル範囲右下の■(フィルハンドル)をダブルクリックします。

⑥数式がコピーされ、それぞれの都道府県とそれ以外の住所が分割されて表示されます。

⑦セル範囲【F4:G17】を選択します。

※このあと、E列の「住所」を削除するため、「住所1」と「住所2」の数式の値を「値」として貼り付けます。

⑧ Ctrl + C を押します。

⑨ Ctrl + V を押します。

⑩データが貼り付けられます。

⑪ (Ctrl)▼ (貼り付けのオプション)→《値の貼り付け》の (値)をクリックします。

87

⑫ 値だけが貼り付けられます。

⑬ 列番号【E】を右クリックし、《削除》を選択します。

※住所を2つのセルに分割して表示させたため、住所全体の列を削除します。

⑭ 住所の列が削除されます。

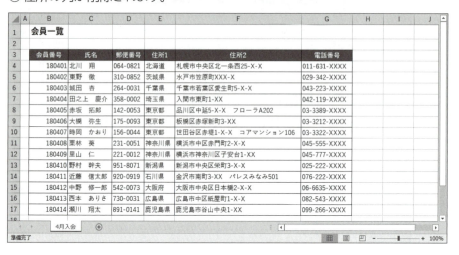

Point フラッシュフィルを使って姓と名を分割する

「フラッシュフィル」は、入力済みのデータのパターンを検知して残りのセルに自動的に入力する機能です。フラッシュフィルを使うと、姓と名の列を分割することができます。フラッシュフィルは、1列ずつ実行します。

フラッシュフィルを使って文字列を姓と名に分割する方法は、次のとおりです。

◆先頭のセルに姓を入力→《データ》タブ→《データツール》グループの 📋 （フラッシュフィル）

※「フラッシュフィル」は、Excel 2010では操作できません。

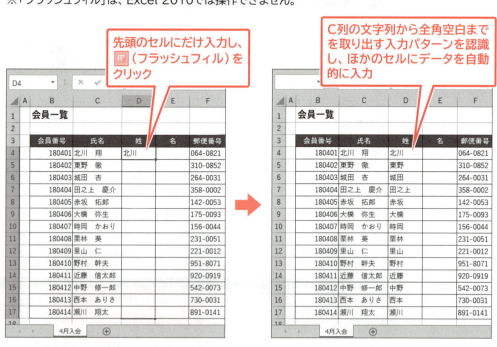

第4章

伝わるグラフを作る6の技

1	グラフの基本！最適なグラフを選ぶ	90
2	グラフにレイアウトを適用してデザインを変更する	96
3	複合グラフで種類の異なるデータを表示する	98
4	軸を調整して見やすいグラフに変更する	102
5	途切れた折れ線グラフの線をつなぐ	106
6	折れ線グラフに未来の予測値を表示する	108

1 グラフの基本！最適なグラフを選ぶ

表は、罫線や塗りつぶしを設定したり、3桁区切りカンマを付けたりして数値データを見やすくすることができますが、数値データのままではデータの特徴をつかむことは難しいものです。

数値だけでは特徴をつかみにくい場合は、「グラフ」を使うとデータを視覚的に表現でき、データを比較したり傾向を分析したりするのが容易になります。ただし、見た人にわかりやすく、正確な情報を伝えるためには、グラフ選びが重要です。グラフは種類によって特徴が異なるため、伝えたい内容に最適なグラフを選ぶ必要があります。伝わるグラフを作成するには、最初から最適なグラフを選ぶことができるようになれば、資料作成の時間も短縮でき、業務効率化につながります。

商品別売上高

単位：千円

	すっきりコーヒー	きりっとコーヒー
2012年度	3,741	1,055
2013年度	3,601	1,182
2014年度	3,781	1,398
2015年度	3,651	1,586
2016年度	3,541	1,701
2017年度	3,216	2,151
合計	28,313	10,975

数値を視覚化すると特徴をつかみやすい

数値を比較する

項目間の大小関係を比較したり、データの推移を読み取ったりするのに適しているのは**「棒グラフ」**です。データの大きさを棒の長さで把握できます。

棒グラフには、グラフの方向の違いによって**「縦棒グラフ」**と**「横棒グラフ」**があるほか、**「集合棒グラフ」**、**「積み上げ棒グラフ」**などもあります。一般的に、項目数が多い場合や項目名が長い場合は横棒グラフを使うと見やすくなります。

また、グラフを効果的に読み取ってもらうために、名前順、時間順、データの多い順など、各項目の並び順を一定の基準に沿って並べ替えてからグラフを作成するとよいでしょう。

●縦棒グラフ
ひとつの項目に1本の棒を配置し、棒の大小で項目間の数値を比較する

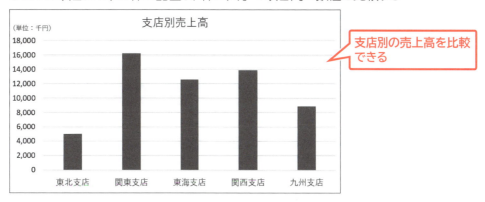

支店別の売上高を比較できる

●集合棒グラフ
ひとつの項目に複数の棒を配置し、同一グループ内で複数の項目を比較する

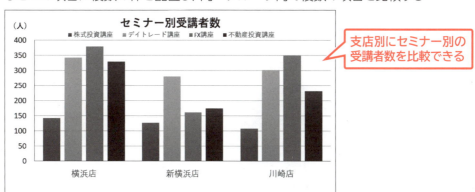

支店別にセミナー別の受講者数を比較できる

●積み上げ棒グラフ
ひとつの項目に複数のデータを積み上げた1本の棒を配置し、項目ごとの合計値と内訳を同時に比較する

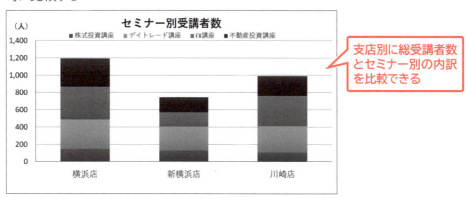

支店別に総受講者数とセミナー別の内訳を比較できる

> **Point** 棒グラフのその他の表現方法
>
> 棒グラフは、項目間で数値を比較するだけでなく、時系列の変化を示したり、全体におけるデータの分布を比較したりすることもできます。
>
> ●時系列の変化を示す
> 月別の降水量の変化を表現できる
>
> ●全体におけるデータの分布を比較する
> 会員の年齢分布を表現できる
>
>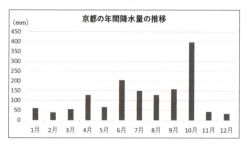
>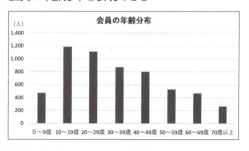

比率を見る

全体（100％）の中に占める各項目の比率や内訳を示すのに適しているのは「**円グラフ**」です。1つの円を扇形に分割し、その面積によって割合を表します。通常、割合の大きい要素を右上に配置し、割合の大きい順に時計周りで配置します。また、特定の項目に注目させたいときは、扇形を切り出して表示することもあります。

ただし、円グラフは比較対象である項目の種類が多かったり、データの差が小さかったりすると項目同士の見分けがつかなくなってしまうため注意が必要です。円グラフの項目数は、2～8個程度までとします。それ以上多くなる場合は、少ないデータを「**その他**」としてまとめて表示するか、補助円（棒）グラフを使うとよいでしょう。

●円グラフ

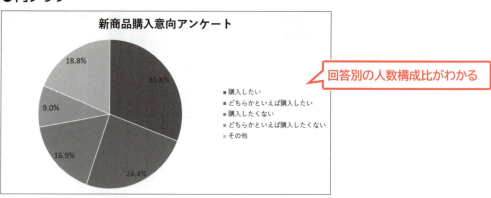

回答別の人数構成比がわかる

●項目を切り出した円グラフ

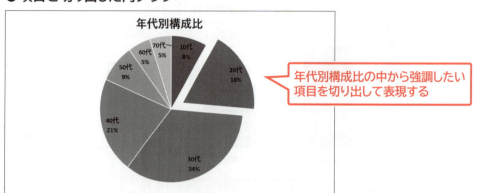

年代別構成比の中から強調したい項目を切り出して表現する

●補助円グラフ付き円グラフ

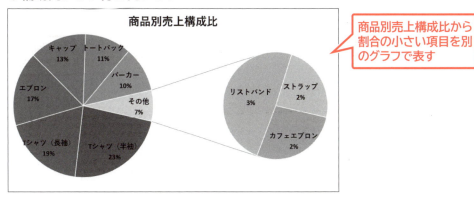

商品別売上構成比から割合の小さい項目を別のグラフで表す

> **Point** 円グラフの立体化に気を付けよう
>
> 円グラフに傾きや厚さを出して立体的に表示したものを3-D円グラフといいます。円グラフを立体的に表示すると、手前にあるものは大きく見え、奥にあるものは小さく見えるという視覚効果が生まれます。実際と違っていても項目の配置によって認識に違いが出て誤解を招くこともあるので、3-D円グラフの作成には注意が必要です。
>
> ●2-Dグラフ　　　　　　　　　　●3-D円グラフ
>
>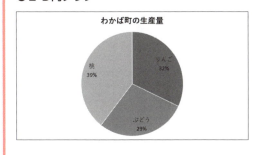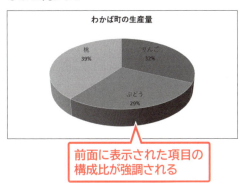
>
> 前面に表示された項目の構成比が強調される

推移を見る

時間の経過によるデータの推移を見るのに適しているのは「**折れ線グラフ**」です。データの増減を折れ線の角度から把握できます。線の数が多くなる場合は、区別がつきやすいように色を工夫したり、実線と破線を使い分けたりして、グラフを見やすくします。

●折れ線グラフ

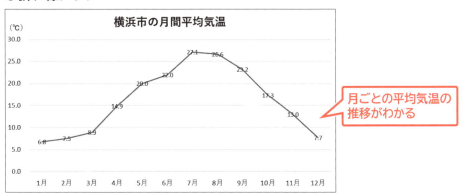

月ごとの平均気温の推移がわかる

●折れ線グラフ（複数の項目がある場合）

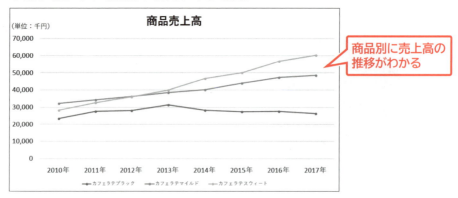

商品別に売上高の推移がわかる

> **Point** 折れ線グラフと棒グラフの組み合わせ
>
> 異なる種類のグラフを組み合わせたものを「複合グラフ」といいます。複合グラフで最も多いパターンは、折れ線グラフと棒グラフの組み合わせです。例えば、降水量と気温といった単位が異なるデータを同時に比較するときや数値に大きな開きがあるデータを同時に表すときなどに使います。
>
>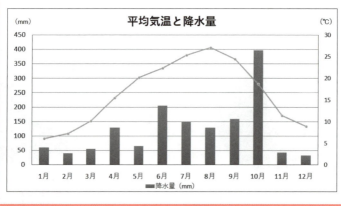

バランスを見る

3つ以上の項目を比較し、全体のバランスを示すのに適しているのは「レーダーチャート」です。多角形のグラフで表現します。

レーダーチャートは、中心点から距離が離れるほど数値が大きいことを示し、項目間で数値にばらつきがあるほど、凹凸の激しいグラフになります。また、全体のバランスがとれていても、数値が全体で低い場合と高い場合があり、それぞれグラフから読み取れる意味合いが異なります。

●レーダーチャート

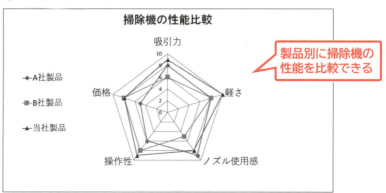

製品別に掃除機の性能を比較できる

分布を見る

データの分布状況を示すのに適しているのは**「散布図」**です。2つの属性値を縦軸と横軸にとって、グラフ上に値を配置することで、データ間の相関関係を見ることができます。
「相関関係」とは、ある属性の値が増加すると、もう一方の属性の値が増加または減少するような関係のことです。

●散布図

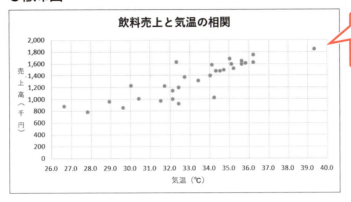

気温が高くなるほど飲料の売上が高くなることがわかる

Point　散布図の相関関係

散布図はデータの分布状況によって、「正の相関」「負の相関」「無相関」の3つのパターンに分類されます。例えば、下のグラフからは次のようなことを読み取ることができます。
正の相関のグラフからは、暑い日には清涼飲料水がたくさん売れるということがわかります。負の相関のグラフからは、暑い日はホット飲料の売上が悪いということがわかります。無相関のグラフからは、気温と雑誌の売上には相関関係がないということがわかります。

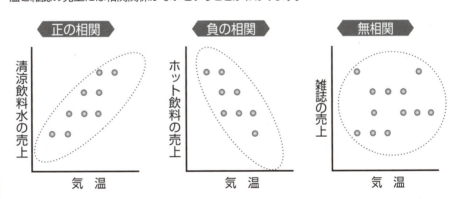

2 グラフにレイアウトを適用してデザインを変更する

グラフを作成したあと、グラフのタイトルや軸ラベルなどの要素をバランスよく配置するには手間がかかります。
そのようなときは、Excelのグラフに用意されている「レイアウト」を使います。グラフのレイアウトはあらかじめいくつかのパターンが用意されており、タイトルや凡例、データラベルなどのグラフに表示される要素の配置パターンを一覧から選択するだけで、必要な要素がそろったグラフに変更できます。レイアウトを適用したあとで、要素を追加したり削除したりすることもできます。

File Open ブック「4-2」を開いておきましょう。

操作
- **2016/2013** グラフを選択→《デザイン》タブ→《グラフのレイアウト》グループの (クイックレイアウト)
- **2010** グラフを選択→《デザイン》タブ→《グラフのレイアウト》グループの (その他)

操作
① グラフを選択します。
② **2016/2013** 《デザイン》タブ→《グラフのレイアウト》グループの (クイックレイアウト)→《レイアウト9》をクリックします。
　　2010 《デザイン》タブ→《グラフのレイアウト》グループの (その他)→《レイアウト9》をクリックします。

③グラフのレイアウトが変更されます。

④ 2016/2013 《デザイン》タブ→《グラフのレイアウト》グループの (グラフ要素を追加)→《データラベル》→《なし》をクリックします。

2010 《レイアウト》タブ→《ラベル》グループの (データラベル)→《なし》をクリックします。

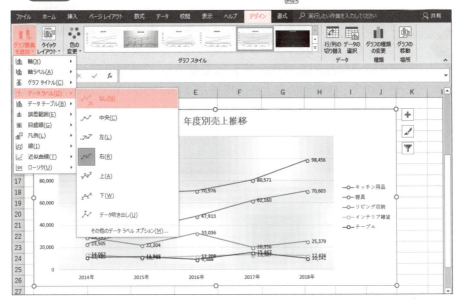

⑤データラベルが非表示になります。

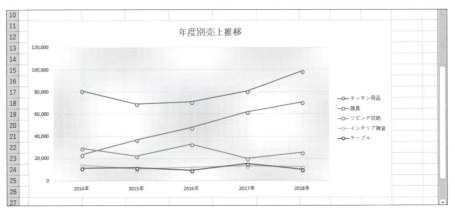

Point グラフのスタイルを変更する

グラフの「スタイル」を使うと、グラフの全体的なデザインを変更することができます。レイアウトと同様、一覧からパターンを選択するだけでグラフ全体にスタイルを適用できます。
グラフのスタイルを変更する方法は、次のとおりです。

◆ 2016/2013 《デザイン》タブ→《グラフスタイル》グループの (その他)
2010 《デザイン》タブ→《グラフのスタイル》グループの (その他)

●スタイル2を適用　　　　　　　　●スタイル10を適用

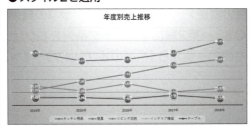
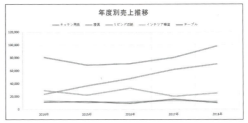

97

3 複合グラフで種類の異なるデータを表示する

年度別の売上実績表をグラフにする場合、総売上高と店舗別売上高の推移を別々のグラフにしてしまうと、データを確認するのが大変です。
そのようなときは、「複合グラフ」を使うと、2種類のデータをひとつのグラフで表現できるので、店舗別の売上高の推移だけではわかりにくい総売上高の推移を同時に確認できます。また、数値に大きな開きがあるデータや単位が異なるデータを組み合わせて複合グラフにする場合は、主軸以外に、第2軸を設定するとグラフを読みとりやすくなります。

File Open ブック「4-3」を開いておきましょう。

操作

2016/2013 グラフを選択→《デザイン》タブ→《種類》グループの （グラフの種類の変更）→左側の一覧から《組み合わせ》を選択→グラフの種類を変更する系列の ⌄ をクリックし、グラフの種類を選択→《☑第2軸》

2010 第2軸にするデータ系列を選択→《デザイン》タブ→《種類》グループの ![icon]（グラフの種類の変更）→左側の一覧からグラフの種類を選択→グラフの種類を選択→《OK》→第2軸にするデータ系列を右クリック→《データ系列の書式設定》→左側の一覧から《系列のオプション》→《●第2軸（上/右側）》

第4章 伝わるグラフを作る6の技

操作

① セル範囲【B8:I8】を選択します。
② Ctrl + C を押します。

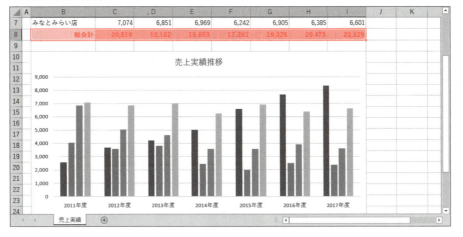

③ グラフを選択します。
④ Ctrl + V を押します。
⑤ 総合計のデータがグラフに追加されます。

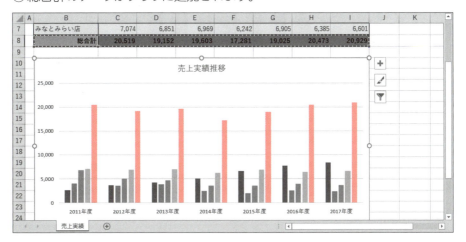

2016/2013

⑥ グラフが選択されていることを確認します。
⑦《デザイン》タブ→《種類》グループの (グラフの種類の変更) をクリックします。

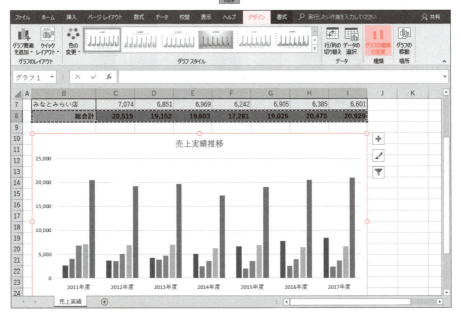

⑧《グラフの種類の変更》ダイアログボックスが表示されます。

⑨《すべてのグラフ》タブを選択します。

⑩左側の一覧から《組み合わせ》を選択します。

⑪《みなとみらい店》の《グラフの種類》の ∨ をクリックし、一覧から《縦棒》の《集合縦棒》を選択します。

⑫《総合計》の《グラフの種類》の ∨ をクリックし、一覧から《折れ線》の《マーカー付き折れ線》を選択します。

⑬《総合計》の《第2軸》を ✓ にします。

⑭《OK》をクリックします。

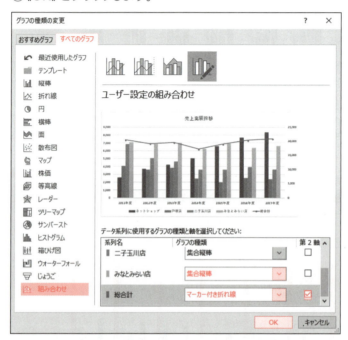

⑮総合計が第2軸で読みとるマーカー付き折れ線グラフになります。

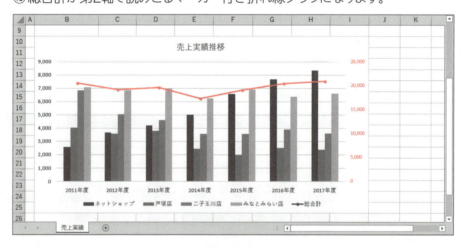

2010

⑥追加した総合計のデータ系列を選択します。

⑦《デザイン》タブ→《種類》グループの （グラフの種類の変更）をクリックします。

⑧《グラフの種類の変更》ダイアログボックスが表示されます。

⑨左側の一覧から《折れ線》を選択します。

⑩《折れ線》の《マーカー付き折れ線》をクリックします。

⑪《OK》をクリックします。

⑫総合計のデータ系列が折れ線グラフに変更されます。

⑬総合計のデータ系列を右クリックし、《データ系列の書式設定》をクリックします。

⑭《データ系列の書式設定》ダイアログボックスが表示されます。

⑮左側の一覧から《系列のオプション》を選択します。

⑯《第2軸（上/右側）》を◉にします。

⑰《閉じる》をクリックします。

⑱総合計の値が第2軸で表されます。

> **Point 《複合グラフの挿入》を使って複合グラフを作成する**
>
> 複合グラフを作成する場合は、《複合グラフの挿入》を使うと、選択しているデータに合わせて複合グラフを作成できます。
> 《複合グラフの挿入》に表示されるグラフの種類をポイントすると、選択したデータでどのような複合グラフを作成できるかを確認できます。データ系列の数によっては、グラフの種類をあとから変更する必要があります。
> 複合グラフを作成する方法は、次のとおりです。
>
> ◆セル範囲を選択→《挿入》タブ→《グラフ》グループの （複合グラフの挿入）
>
> ※《複合グラフの挿入》は、Excel 2010では操作できません。
>
>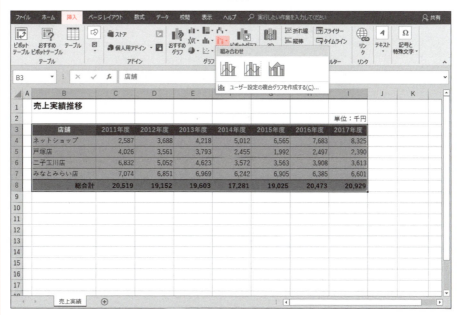

101

4 軸を調整して見やすいグラフに変更する

棒グラフや折れ線グラフでは、「軸」は最も重要な要素の1つといえます。棒グラフや折れ線グラフの軸には、データ系列の数値を表す「値軸（縦軸）」と、データ系列の項目名を表示する「項目軸（横軸）」が用意されています。それぞれの軸は、グラフ化するセル範囲の値に合わせて自動的に調整されてグラフに表示されます。
自動的に調整された結果ではグラフがわかりにくい場合は、軸に対して様々な設定を行うことができます。

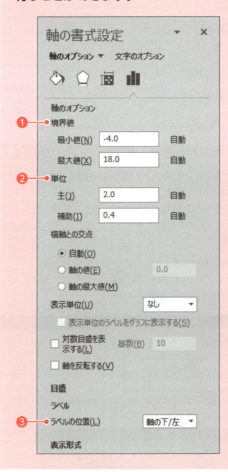

❶ 境界値
値軸の最大値や最小値を指定できます。

❷ 単位
目盛の間隔や補助目盛の間隔を指定できます。

❸ ラベルの位置
項目軸を表示する位置を指定できます。

File Open ブック「4-4」を開いておきましょう。

値軸の最大値を変更する

値軸の数値は、データ系列の数値に応じて、自動的に最大値・最小値が調整されますが、データによっては軸の始まりを「0」から表示しない方がわかりやすかったり、最大値の数値をデータ系列に近づけた値に変更した方が見やすかったりすることがあります。必要に応じて値軸の最大値や最小値を変更することで、見せたい部分を強調できます。

操作
- 2016/2013　値軸を右クリック→《軸の書式設定》→《軸のオプション》の (軸のオプション)→《最大値》
- 2010　値軸を右クリック→《軸の書式設定》→左側の一覧から《軸のオプション》を選択→《最大値》

操 作

① 値軸を右クリックし、《軸の書式設定》をクリックします。

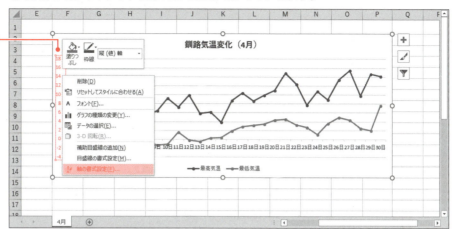

② **2016/2013** 《軸の書式設定》作業ウィンドウが表示されます。
　　2010 《軸の書式設定》ダイアログボックスが表示されます。
③ **2016/2013** 《軸のオプション》の ![アイコン] (軸のオプション) をクリックします。
　　2010 左側の一覧から《軸のオプション》を選択します。
④ **2016/2013** 《軸のオプション》をクリックし、詳細を表示します。
　　2010 《最大値》の《固定》を ⦿ にします。
⑤ **2016/2013** 《境界値》の《最大値》に「16.0」と入力します。
　　2010 「16.0」と入力します。
⑥ **2016/2013** ✕ (閉じる) をクリックし、《軸の書式設定》作業ウィンドウを閉じます。
　　2010 《閉じる》をクリックし、《軸の書式設定》ダイアログボックスを閉じます。

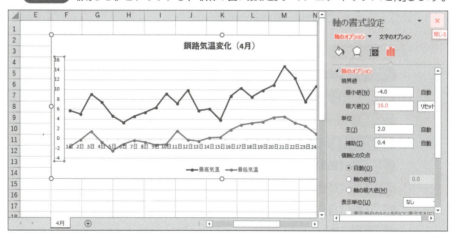

⑦ 値軸の最大値が「16」に変更されます。

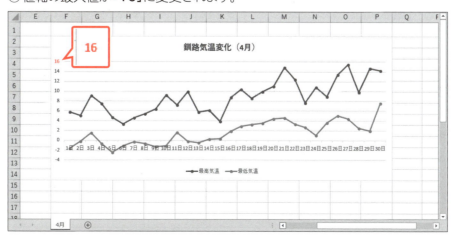

項目軸の目盛の単位と位置を変更する

値軸と同様、項目軸でも様々な設定ができます。例えば、項目軸に表示される日付を1週間単位で表示したり、項目軸のラベルの位置を、マイナスの値軸と重ならないように変更したりすることもできます。

> **操作**
>
> **2016** 項目軸を右クリック→《軸の書式設定》→《軸のオプション》の ▇ (軸のオプション)→《主》／《ラベルの位置》
>
> **2013** 項目軸を右クリック→《軸の書式設定》→《軸のオプション》の ▇ (軸のオプション)→《目盛》／《ラベルの位置》
>
> **2010** 項目軸を右クリック→《軸の書式設定》→左側の一覧から《軸のオプション》を選択→《目盛間隔》／《軸ラベル》

操作

① 項目軸を右クリックし、《軸の書式設定》をクリックします。

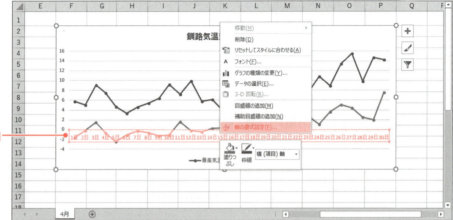

② **2016/2013** 《軸の書式設定》作業ウィンドウが表示されます。
   2010 《軸の書式設定》ダイアログボックスが表示されます。
③ **2016/2013** 《軸のオプション》の ▇ (軸のオプション) をクリックします。
   2010 左側の一覧から《軸のオプション》を選択します。
④ **2016/2013** 《軸のオプション》をクリックし、詳細を表示します。
   2010 《軸のオプション》の《目盛間隔》の《固定》を ◉ にします。
⑤ **2016** 《単位》の《主》に「7」と入力します。
   2013 《目盛間隔》の《目盛》に「7」と入力します。
   2010 「7」と入力します。

※Excel 2010の場合は、操作手順⑦に進みます。

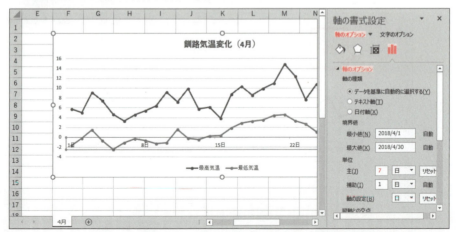

⑥ 2016/2013 《ラベル》をクリックし、詳細を表示します。
※表示されていない場合は、スクロールして調整します。
⑦ 2016/2013 《ラベルの位置》の▼をクリックし、一覧から《下端/左端》を選択します。
2010 《軸ラベル》の▼をクリックし、一覧から《下端/左端》を選択します。
⑧ 2016/2013 ✕（閉じる）をクリックし、《軸の書式設定》作業ウィンドウを閉じます。
2010 《閉じる》をクリックし、《軸の書式設定》ダイアログボックスを閉じます。

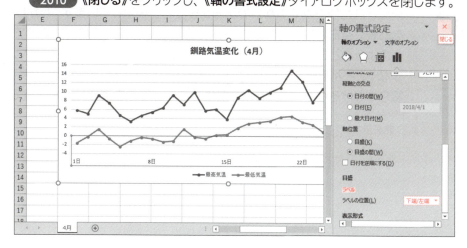

⑨ 日付が7日単位で表示され、項目軸の位置が値軸の下端に表示されます。

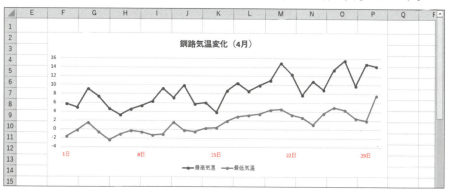

Point 長い文字列の項目名を2行で表示する

表に入力された項目名が長いとグラフの項目名は自動的に斜めや縦で表示されます。斜めに表示したくないときは、表内の項目名をセル内で改行すると、グラフにもその改行が反映されます。

項目名が斜めに表示される

グラフの項目名にも改行が反映される

5 途切れた折れ線グラフの線をつなぐ

便利ワザ

折れ線グラフの「線」は、データの推移を示す重要な要素です。時間の経過に合わせて配置された値を線でつないでデータの変化を表現しています。しかし、グラフのもとになる表に空白セルが含まれていると、折れ線がつながらずに途切れてしまいます。そのようなとき、もとになる表の空白セルはそのままの状態で、グラフ上の折れ線をつなぐことができます。グラフ上の線をつなぐ場合は、空白セルの値を「0」と仮定して線をつなげるのか、空白セルの前後の値を線でつなげるのかを設定できます。

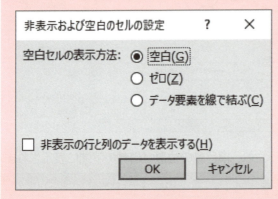

File Open ブック「4-5」を開いておきましょう。

操作 グラフを選択→《デザイン》タブ→《データ》グループの （データの選択）→《非表示および空白のセル》→《◉データ要素を線で結ぶ》

操作

① グラフを選択します。
②《デザイン》タブ→《データ》グループの （データの選択）をクリックします。

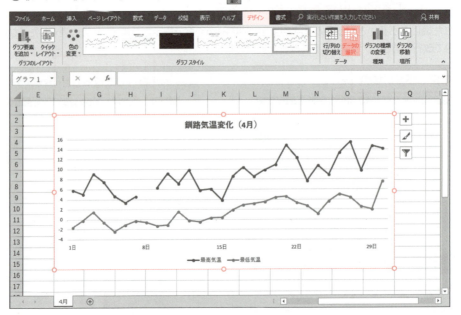

第4章 伝わるグラフを作る6の技

106

③《データソースの選択》ダイアログボックスが表示されます。

④《非表示および空白のセル》をクリックします。

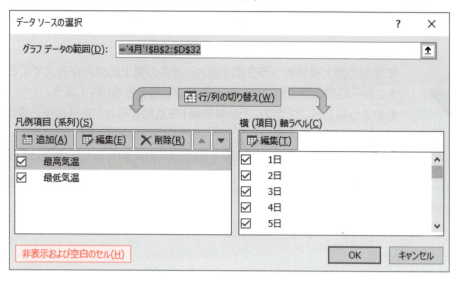

⑤《非表示および空白のセルの設定》ダイアログボックスが表示されます。

⑥《データ要素を線で結ぶ》を◉にします。

⑦《OK》をクリックします。

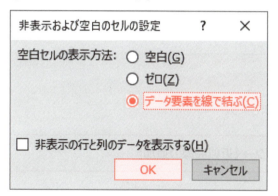

⑧《データソースの選択》ダイアログボックスに戻ります。

⑨《OK》をクリックします。

⑩ 空白セルの前後の値が線でつながれて表示されます。

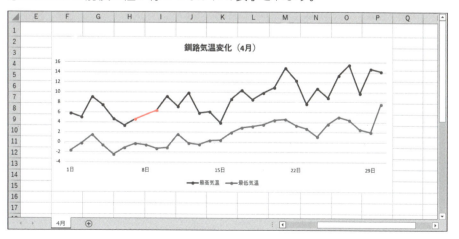

6 折れ線グラフに未来の予測値を表示する

年度別の売上推移をグラフ化すると、過去の売上の傾向が見えてくることがあります。そこから将来の売上高について、予測する場合も多いでしょう。
そのようなとき、グラフに「近似曲線」を追加すると、未来のデータの変動を予測してグラフに表示できます。
未来のデータの変動は、現在までのデータの変動をもとに予測されるので、予測値を入力する必要はありません。

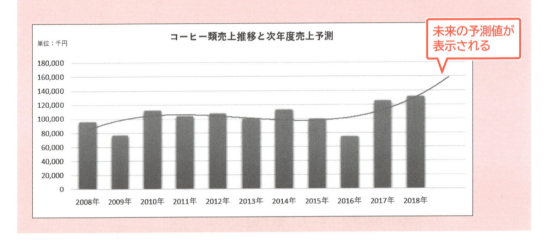

未来の予測値が表示される

File Open ブック「4-6」を開いておきましょう。

> 操作 データ系列を右クリック→《近似曲線の追加》

操作

① コーヒー類のデータ系列を右クリックし、《近似曲線の追加》をクリックします。

108

② 2016/2013 《近似曲線の書式設定》作業ウィンドウが表示されます。

　　2010 《近似曲線の書式設定》ダイアログボックスが表示されます。

③ ■■（近似曲線のオプション）をクリックします。

④ 2016/2013 《近似曲線のオプション》をクリックし、詳細を表示します。

　　2010 《近似曲線のオプション》が表示されていることを確認します。

⑤《多項式近似》を●にし、《次数》を「3」に設定します。

※次数には、曲線の中に表現する山や谷の数を指定します。次数を上げると、近似曲線の信頼度も上がります。
　ここでは、データの変動の回数に合わせて「3」を設定しています。

⑥《予測》の《前方補外》に「1」と入力します。

※《前方補外》を設定すると、未来の動きを予測して、近似曲線が右方向に延長されます。

⑦ 2016/2013 ✕（閉じる）をクリックし、《近似曲線の書式設定》作業ウィンドウを閉じます。

　　2010 《閉じる》をクリックし、《近似曲線の書式設定》ダイアログボックスを閉じます。

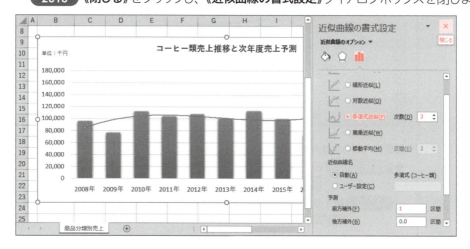

⑧未来の予測値が表示された近似曲線が追加されます。

Point 実績値と目標値の線を区別する

売上実績に未来の売上目標を追加したグラフを作成したい場合もあります。そのようなとき、目標値をそのままグラフに表示してしまうと、実績値と目標値が同じ色で表示されるため、区別が付かずにわかりにくいグラフになってしまいます。
実績値と目標値の線の色や線の種類を変更すると、わかりやすくなります。

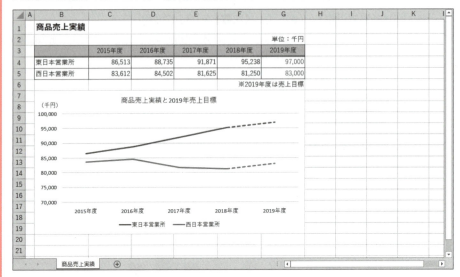

目標値の線の書式だけを変更する方法は、次のとおりです。
◆ 2016/2013 線を選択→目標値の箇所だけ選択→《書式》タブ→《図形のスタイル》グループの ✐ (図形の枠線)の ▼
　 2010 線を選択→目標値の箇所だけ選択→《書式》タブ→《図形のスタイル》グループの 図形の枠線 ▼ (図形の枠線)

Point 近似曲線の種類

近似曲線には、次のような種類があります。

種類	説明	グラフ
指数近似	データが次第に大きく増減する場合に適しています。	
線形近似	データが一定の割合で増減している場合に適しています。	
対数近似	データが急速に増減し、そのあと横ばい状態になる場合に適しています。	
多項式近似	データが変動し、ばらつきがある場合に適しています。	
累乗近似	データが特定の割合で増加する場合に適しています。	
移動平均	区間ごとの平均を線でつなぎます。データの傾向を明確に把握する場合に適しています。	

第5章

データを思い通りに
集計する11の技

1	データを活用するために表をテーブルに変換する …………	112
2	テーブルの項目名で数式を作成する ………………………	116
3	集計行を追加して合計を表示する …………………………	118
4	並べ替えのルールを設定する ………………………………	120
5	条件に合ったデータだけを抽出する ………………………	123
6	項目を入れ替えてクロス集計する …………………………	126
7	ピボットテーブルの集計方法を変更する …………………	130
8	日付のデータをグループ化して集計する …………………	134
9	スライサーで集計対象を絞り込む …………………………	136
10	目標を達成するために必要な数値を逆算する ……………	140
11	条件を設定して複数の最適値を求める ……………………	142

1 データを活用するために表をテーブルに変換する

便利ワザ

「ある商品だけの売上を見たい」「ある商品の〇月の売上を見たい」「売上金額の高い商品を順番に見たい」「商品分類別に見たい」などデータを活用するとき、欲しい情報に合わせて表を作り直すのは大変です。

そのようなときは、表のまま使うのではなく「テーブル」に変換します。テーブルに変換すると、並べ替えやフィルターなどの操作を簡単に行えます。また、罫線や塗りつぶしなどの「テーブルスタイル」が設定され、表全体の見栄えを整えることもできます。設定されたテーブルスタイルは、行や列を追加するとテーブル範囲が拡張され、テーブルスタイルも設定されます。

テーブルには、次のような特長があります。

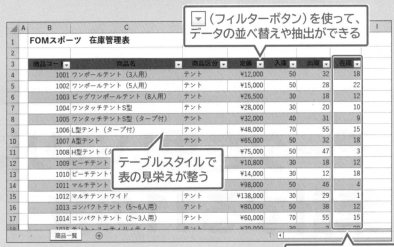

File Open ブック「5-1」を開いておきましょう。

操作 セルを選択→《挿入》タブ→《テーブル》グループの ▦（テーブル）

操 作

①セル【B3】を選択します。
※表内のセルであれば、どこでもかまいません。

②《挿入》タブ→《テーブル》グループの (テーブル)をクリックします。
※セル【B3】を選択後、Ctrl+Tを押してもかまいません。

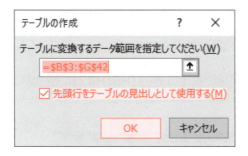

③《テーブルの作成》ダイアログボックスが表示されます。

④《テーブルに変換するデータ範囲を指定してください》が「=$B$3:$G$42」になっていることを確認します。

⑤《先頭行をテーブルの見出しとして使用する》を☑にします。
※表の先頭行が項目名の場合、☑にします。

⑥《OK》をクリックします。

⑦テーブルに変換されます。

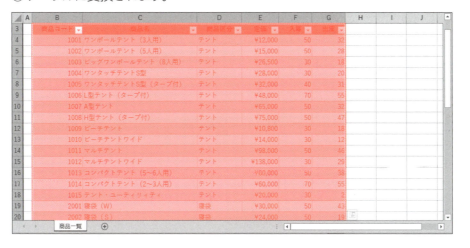

⑧セル【H3】に「在庫」と入力します。

⑨H列にテーブルスタイルが設定されます。

⑩セル【H4】に「=F4-G4」と入力します。

※セルをクリックして数式を入力すると、「=[@入庫]-[@出庫]」と表示されます。

⑪セル【H4】に在庫が求められ、自動的にセル範囲【H5:H42】に数式がコピーされます。

Point テーブルに必要な表の構成

テーブルを利用するには、表を「フィールド」と「レコード」で構成する必要があります。表に隣接するセルは空白にしておきます。

	A	B	C	D	E	F	G	
1		商品コード	商品名	商品区分	定価	入庫	出庫	❶
2		1001	ワンポールテント（3人用）	テント	¥12,000	50	32	
3		1002	ワンポールテント（5人用）	テント	¥15,000	50	28	❸
4		1003	ビッグワンポールテント（8人用）	テント	¥26,500	30	18	
5		1004	ワンタッチテントS型	テント	¥28,000	30	20	
6		1005	ワンタッチテントS型（タープ付）	テント	¥32,000	40	31	
7		1006	L型テント（タープ付）	テント	¥48,000	70	55	
8		1007	A型テント	テント	¥65,000	50	32	
9		1008	H型テント（タープ付）	テント	¥75,000	50	47	
10		1009	ビーチテント	テント	¥10,800	30	18	
11		1010	ビーチテントワイド	テント	¥14,000	30	12	
12		1011	マルチテント	テント	¥98,000	50	46	
13		1012	マルチテントワイド	テント	¥138,000	30	29	

❷

❶列見出し（フィールド名）
データを分類する項目名です。

❷フィールド
列単位のデータです。列見出しに対応した同じ種類のデータを入力します。

❸レコード
行単位のデータです。1件分のデータを入力します。

Point テーブルスタイルを変更する

テーブルスタイルはあとから変更することもできます。
テーブルスタイルを変更する方法は、次のとおりです。

◆ **2016/2013** テーブル内のセルを選択→《デザイン》タブ→《テーブルスタイル》グループの
（テーブルクイックスタイル）

2010 テーブル内のセルを選択→《デザイン》タブ→《テーブルスタイル》グループの ▼ （その他）

Point テーブルを表に戻す

テーブルを解除して表に戻すことができます。表に戻しても、テーブル変換時に設定された書式は残ります。
テーブルを表に戻す方法は、次のとおりです。

◆テーブル内のセルを選択→《デザイン》タブ→《ツール》グループの 範囲に変換 （範囲に変換）

2 テーブルの項目名で数式を作成する

引数でセル範囲を指定する関数は多くあります。例えば、SUMIF関数を使って売上金額を集計する場合、データが増えるたびに関数内のセル範囲を調整するのは、効率がいいとはいえません。
表をテーブルに変換しておくと、テーブル名や列見出しを指定して数式を作成することができ、データが増えた場合でも自動的に範囲が調整されるので、数式を修正する必要がありません。このように、テーブル名や列見出しを参照することを「構造化参照」といいます。また、テーブル名は、初期の設定では「テーブル1」が設定されますが、わかりやすい名前に変更することもできます。

File Open ブック「5-2」を開いておきましょう。

操作

テーブル名の設定
テーブル内のセルを選択→《デザイン》タブ→《プロパティ》グループの《テーブル名：》に入力

テーブル内の列の指定
列見出しの上端をポイントし、マウスポインターの形が  に変わったらクリック

操作

①セル【B4】を選択します。
※テーブル内のセルであれば、どこでもかまいません。
②《デザイン》タブ→《プロパティ》グループの《テーブル名：》に「売上」と入力します。
③テーブル名が「売上」に変更されます。

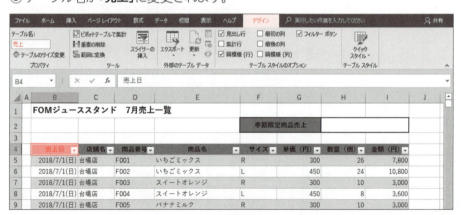

④セル【H2】に「=SUMIF(」と入力します。

⑤「**商品名**」の列見出しの上端をポイントし、マウスポインターの形が↓に変わったらクリックします。

A	B	C	D	E	F	G	H	I	J
1	FOMジューススタンド　7月売上一覧								
2						季節限定商品売上	=SUMIF(		
3							SUMIF(範囲, 検索条件, [合計範囲])		
4	売上日	店舗名	商品番号	商品名	サイズ	単価(円)	数量(個)	金額(円)	
5	2018/7/1(日) 台場店		F001	いちごミックス	R	300	26	7,800	
6	2018/7/1(日) 台場店		F002	いちごミックス	L	450	24	10,800	
7	2018/7/1(日) 台場店		F003	スイートオレンジ	R	300	10	3,000	
8	2018/7/1(日) 台場店		F004	スイートオレンジ	L	450	8	3,600	
9	2018/7/1(日) 台場店		F005	バナナミルク	R	300	10	3,000	
10	2018/7/1(日) 台場店		F006	バナナミルク	L	450	8	3,600	

⑥続けて、「,"季節限定商品*",」と入力します。

⑦「**金額（円）**」の列見出しの上端をポイントし、マウスポインターの形が↓に変わったらクリックします。

⑧続けて、「)」と入力します。

⑨数式バーに「=SUMIF(売上[商品名],"季節限定商品*",売上[金額(円)])」と表示されていることを確認します。

※季節限定商品は季節によって内容が変わるため、ワイルドカード「*」を使います。
※ワイルドカードについては、P.22「Point　ワイルドカード文字を使って検索する」に記載しています。

⑩ Enter を押します。

数式バー: =SUMIF(売上[商品名],"季節限定商品*",売上[金額(円)])

A	B	C	D	E	F	G	H	I	J
1	FOMジューススタンド　7月売上一覧								
2						季節限定商	=SUMIF(売上[商品名],"季節限定商品*",売上[金額(円)])		
3									
4	売上日	店舗名	商品番号	商品名	サイズ	単価(円)	数量(個)	金額(円)	
5	2018/7/1(日) 台場店		F001	いちごミックス	R	300	26	7,800	
6	2018/7/1(日) 台場店		F002	いちごミックス	L	450	24	10,800	
7	2018/7/1(日) 台場店		F003	スイートオレンジ	R	300	10	3,000	
8	2018/7/1(日) 台場店		F004	スイートオレンジ	L	450	8	3,600	
9	2018/7/1(日) 台場店		F005	バナナミルク	R	300	10	3,000	
10	2018/7/1(日) 台場店		F006	バナナミルク	L	450	8	3,600	

⑪季節限定商品の売上金額の合計が表示されます。

A	B	C	D	E	F	G	H	I	J
1	FOMジューススタンド　7月売上一覧								
2						季節限定商品売上	¥1,374,450		
3									
4	売上日	店舗名	商品番号	商品名	サイズ	単価(円)	数量(個)	金額(円)	
5	2018/7/1(日) 台場店		F001	いちごミックス	R	300	26	7,800	
6	2018/7/1(日) 台場店		F002	いちごミックス	L	450	24	10,800	
7	2018/7/1(日) 台場店		F003	スイートオレンジ	R	300	10	3,000	
8	2018/7/1(日) 台場店		F004	スイートオレンジ	L	450	8	3,600	
9	2018/7/1(日) 台場店		F005	バナナミルク	R	300	10	3,000	
10	2018/7/1(日) 台場店		F006	バナナミルク	L	450	8	3,600	

Point　データの選択方法

テーブル内のデータを選択する方法は、次のとおりです。

レコード

◆表の左端をポイントし、マウスポインターの形が➡に変わったらクリック
※行番号をクリックすると、行全体が選択されます。

フィールド

◆列見出しの上端をポイントし、マウスポインターの形が↓に変わったらクリック
※さらにもう1回クリックすると、列見出しを含めたすべてのデータを選択できます。

テーブル全体

◆テーブルの左上隅をポイントし、マウスポインターの形が↘に変わったらクリック
※さらにもう1回クリックすると、列見出しを含めたテーブル全体を選択できます。

3 集計行を追加して合計を表示する

30秒短縮

商品の売上一覧を使って売上合計や売上個数を確認する場合、表の一番下までドラッグして、SUM関数を入力するのは大変です。

そのようなときは、表をテーブルに変換します。テーブルに変換すると、関数を使わなくても簡単に合計や平均などの集計ができます。

集計行はテーブルの最終行に表示され、右端列の合計が自動的に表示されます。集計行のセルを選択したときに表示される▼をクリックすると、列ごとに「平均」「個数」「最大」「最小」「合計」などの集計方法を設定できます。また、テーブル内でデータの抽出を行うと、抽出結果をもとに自動的に再度集計されます。

File Open ブック「5-3」を開いておきましょう。

操作 テーブル内のセルを選択→《デザイン》タブ→《テーブルスタイルのオプション》グループの《☑集計行》

操作

① セル【B3】を選択します。
※テーブル内のセルであれば、どこでもかまいません。
②《デザイン》タブ→《テーブルスタイルのオプション》グループの《集計行》を☑にします。
③ 集計行が表示されます。
※自動的に、右端列の合計が集計されます。
④ 集計行の「**数量(個)**」のセルを選択します。
⑤ ▼をクリックし、一覧から《**合計**》を選択します。

⑥集計行に数量の合計が表示されます。

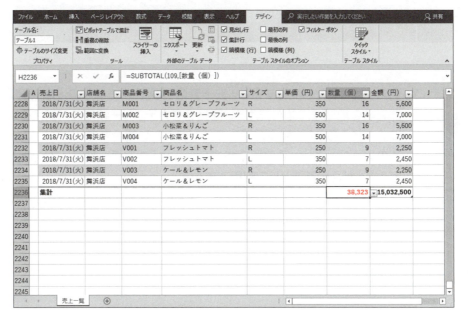

Point 集計行の数式

集計行の ▼ をクリックして集計方法を選択すると、自動的にSUBTOTAL関数が挿入されます。
SUBTOTAL関数は、集計方法を番号で指定して範囲のデータを集計する関数です。

=SUBTOTAL（集計方法, セル範囲）

選択した集計方法によって計算式に挿入される番号には、次のようなものがあります。

集計方法	挿入される番号	内容
平均	101	平均を表示します。
個数	103	空白セル以外のセルの個数を表示します。
数値の個数	102	数値の個数を表示します。
最大	104	最大値を表示します。
最小	105	最小値を表示します。
合計	109	合計を表示します。

また、《その他の関数》を選択すると、《関数の挿入》ダイアログボックスが表示されるため、一覧に表示されていない関数を使うこともできます。

4 並べ替えのルールを設定する

通常、並べ替えを実行すると、五十音順(昇順)またはその逆順(降順)になりますが、部署名を地域順に並べ替える、商品名をカテゴリー順に並べ替える、店舗名を出店順に並べ替えるなど、特定の順序で並べ替えたい場合もあります。
そのようなときは、その順序をあらかじめ「ユーザー設定リスト」として登録しておくと、並べ替えの基準として利用できます。
ユーザー設定リストは、直接リストを入力して追加するか、すでにシート上に入力してあるリストをインポートして追加することもできます。

File Open　ブック「5-4」を開いておきましょう。

> **操作**　テーブル内のセルを選択→《データ》タブ→《並べ替えとフィルター》グループの 📊 (並べ替え)→《順序》の ⌵ →《ユーザー設定リスト》

操作

① セル【B3】を選択します。
※テーブル内のセルであれば、どこでもかまいません。
② 《データ》タブ→《並べ替えとフィルター》グループの 📊 (並べ替え) をクリックします。

③《並べ替え》ダイアログボックスが表示されます。
④《最優先されるキー》の ⌵ をクリックし、一覧から「**店舗名**」を選択します。
⑤ **2016**　《並べ替えのキー》が《セルの値》になっていることを確認します。
　　2013/2010　《並べ替えのキー》が《値》になっていることを確認します。

⑥《順序》の ▽ をクリックし、一覧から《ユーザー設定リスト》を選択します。

⑦《ユーザー設定リスト》ダイアログボックスが表示されます。
⑧《リストの項目》に「**舞浜店**」と入力し、 Enter を押します。
※ここでは、「舞浜店」「台場店」「原宿店」の順に並べ替えます。
⑨同様に、「**台場店**」「**原宿店**」と入力します。
⑩《追加》をクリックします。

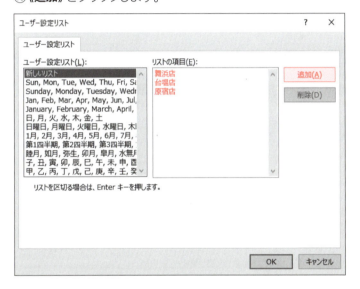

⑪《ユーザー設定リスト》に表示されます。
⑫《OK》をクリックします。

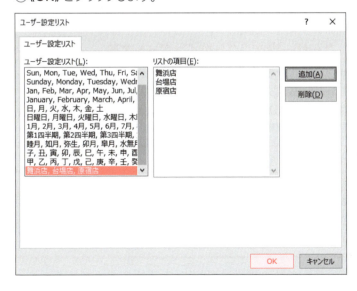

⑬《並べ替え》ダイアログボックスに戻ります。

⑭《順序》に「**舞浜店，台場店，原宿店**」と表示されていることを確認します。

⑮《**OK**》をクリックします。

⑯ユーザー設定リストに追加した順番で並び替わります。

※ユーザー設定リストはユーザー単位で登録されるため、追加したリストを削除しておきましょう。削除しない場合は、P.126「6　項目を入れ替えてクロス集計する」で作成するピボットテーブルの並び順がテキストと異なります。
リストを削除するには、《データ》タブ→《並べ替えとフィルター》グループの （並べ替え）→《順序》の →《ユーザー設定リスト》→《ユーザー設定リスト》の一覧から追加したリストを選択→《削除》をクリックします。

Point　ユーザー設定リストをインポートする

ユーザー設定リストに追加するリストがシート上に用意されている場合は、インポートすることができます。
インポートしてユーザー設定リストを追加する方法は、次のとおりです。

◆リストを選択→《ファイル》タブ→《オプション》→左側の一覧から《詳細設定》を選択→《全般》の《ユーザー設定リストの編集》→《インポート》

Point　ユーザー設定リストに登録した並び順を利用する

ユーザー設定リストに登録すると、オートフィルを使った連続データの入力ができます。また、ピボットテーブルやスライサーに表示される項目の並びも登録したリストの順序になります。

5 条件に合ったデータだけを抽出する

1分短縮

大量のデータの中から特定の条件を満たすデータを1件ずつ探し出すのは難しいものです。そのようなときは、テーブルの列見出しに表示される▼を使うと、条件を満たすレコードだけを簡単に抽出できます。条件を満たすレコードだけが表示され、条件を満たさないレコードは一時的に非表示になります。この機能を「フィルター」といいます。
レコードを抽出する方法には、次のようなものがあります。

❶色フィルター
色を条件に設定してレコードを抽出できます。色フィルターは、同一フィールドで同時に複数の色を条件に設定できないため、一度に抽出したいデータには同じ色を設定する必要があります。

❷詳細フィルター
フィールドに入力されているデータの種類によって、フィルターの表示が切り替わります。データの種類が文字列の場合は「テキストフィルター」、数値の場合は「数値フィルター」、日付の場合は「日付フィルター」になります。
「○○以上」や「○○を含む」、「○○～○○の期間」のように範囲のある条件を設定して、レコードを抽出できます。

❸検索
条件となるキーワードを入力すると、キーワードを含むレコードを抽出できます。

❹データ一覧
フィールドに入力されているデータが一覧で表示されます。☑にすると、該当するレコードを抽出できます。

File Open ブック「5-5」を開いておきましょう。

操作　列見出しの▼

操作

① 「商品名」の ▼ をクリックします。

② 《(すべて選択)》を □ にし、「いちごミックス」を ☑ にします。

③ 《OK》をクリックします。

④ フィルターのボタンが ▼ に変わり、条件に合致するレコードが抽出されます。

※186件のレコードが抽出されます。

⑤ 「数量(個)」の ▼ をクリックします。

⑥ 《数値フィルター》をポイントし、《指定の値以上》をクリックします。

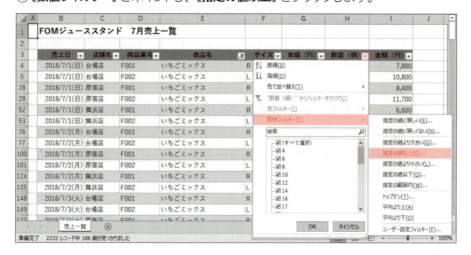

⑦《オートフィルターオプション》ダイアログボックスが表示されます。
⑧左上のボックスに「**40**」と入力します。
⑨右上のボックスが《以上》になっていることを確認します。
⑩《**OK**》をクリックします。

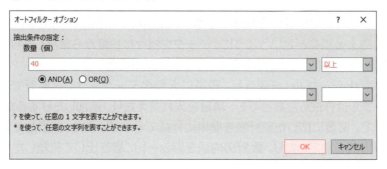

⑪フィルターのボタンが に変わり、条件に合致するレコードが抽出されます。

※6件のレコードが抽出されます。

Point 詳細なフィルターを実行する

フィールドに入力されているデータの種類に応じて、詳細なフィルターを実行できます。

フィールドの データの種類	詳細なフィルター	抽出条件の例
文字列	テキストフィルター	特定の文字列で始まるレコードや特定の文字列を一部に含むレコードを抽出できます。
数値	数値フィルター	「～以上」「～未満」「～から～まで」のように範囲のある数値を抽出したり、上位または下位の数値を抽出したりできます。
日付	日付フィルター	パソコンの日付をもとに「今日」や「昨日」、「今年」や「昨年」のようなレコードを抽出できます。また、ある日付からある日付までのように期間を指定して抽出することもできます。

Point 抽出した条件を解除する

抽出した条件を解除する方法には、次のようなものがあります。

条件が1つだけの場合

◆列見出しの →《"(列見出し名)"からフィルターをクリア》

条件が2つ以上の場合

◆テーブル内のセルを選択→《データ》タブ→《並べ替えとフィルター》グループの (クリア)

6 項目を入れ替えてクロス集計する

60分短縮

データを単純に集計するだけではなく、商品別に店舗別の売上金額、サイズ別に店舗別の売上金額などというように、データを様々な角度から集計したり、分析したりする場合があります。そのようなときは、クロス集計を行います。
「ピボットテーブル」を使うと、瞬時に大量のデータをクロス集計できます。ピボットテーブルは作成したあとでも、項目を入れ替えたり、追加したりするだけで再集計できるので、必要に応じた集計表を簡単に作成できます。また、集計した値エリアの数値に表示形式を設定したり、集計の内訳を別シートに書き出して確認したりすることもできます。

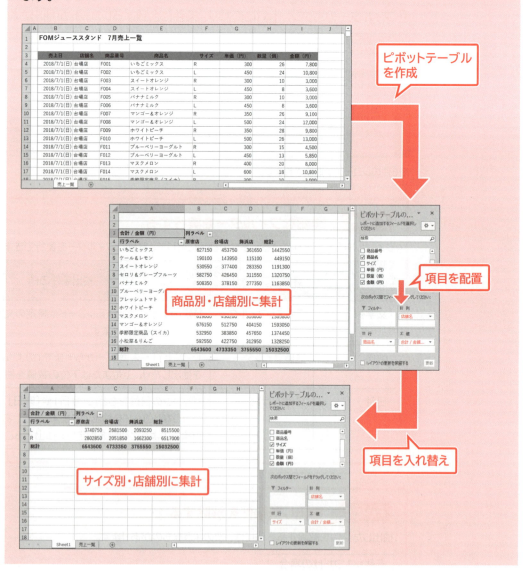

File Open ブック「5-6」を開いておきましょう。

操作
- 2016/2013　表内のセルを選択→《挿入》タブ→《テーブル》グループの ▭ （ピボットテーブル）
- 2010　《挿入》タブ→《テーブル》グループの ▭ （ピボットテーブルの挿入）

操作

① セル【B3】を選択します。
※表内のセルであれば、どこでもかまいません。

② **2016/2013** 《挿入》タブ→《テーブル》グループの (ピボットテーブル)をクリックします。

2010 《挿入》タブ→《テーブル》グループの (ピボットテーブルの挿入)をクリックします。

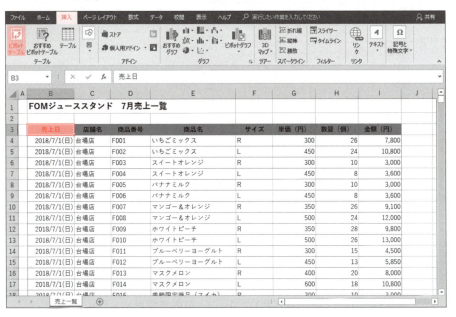

③《ピボットテーブルの作成》ダイアログボックスが表示されます。

④《テーブルまたは範囲を選択》を◉にします。

⑤《テーブル/範囲》に「売上一覧!$B$3:$I$2235」と表示されていることを確認します。

⑥《新規ワークシート》を◉にします。

⑦《OK》をクリックします。

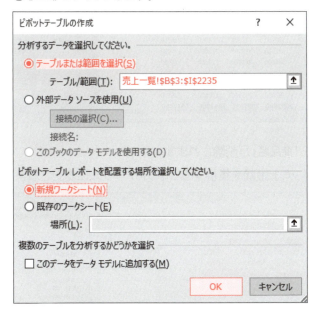

⑧ **2016/2013** 新しいシート「Sheet1」が挿入され、《ピボットテーブルのフィールド》作業ウィンドウが表示されます。

2010 新しいシート「Sheet1」が挿入され、《ピボットテーブルのフィールドリスト》作業ウィンドウが表示されます。

⑨「**商品名**」を《**行**》のボックスにドラッグします。

※ここでは、商品別と店舗別に売上金額を集計するピボットテーブルを作成します。

⑩「**店舗名**」を《**列**》のボックスにドラッグします。

⑪「**金額(円)**」を《**値**》のボックスにドラッグします。

⑫商品別と店舗別に売上金額を集計するピボットテーブルが作成されます。

⑬「**サイズ**」を《**行**》のボックスの「**商品名**」の上にドラッグします。

※ここでは、サイズ別と店舗別に売上金額を集計するピボットテーブルに編集します。

⑭《**行**》のボックスの「**商品名**」をボックス以外の場所にドラッグします。

※ドラッグ中、マウスポインタの形が に変わります。

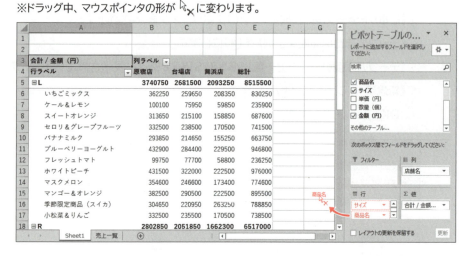

⑮行ラベルエリアから「**商品名**」が削除されます。

⑯サイズ別と店舗別に売上金額を集計するピボットテーブルに変更されます。

Point　ピボットテーブルの数値に桁区切りスタイルを表示する

ピボットテーブルを使うと、もとのデータベースに設定された表示形式は引き継がれないので、数値が大きい場合は見づらくなってしまいます。そのようなときは、表示形式を設定して桁区切りスタイル「,（カンマ）」を表示することができます。
数値に表示形式を設定する方法は、次のとおりです。

◆値エリアのセルを右クリック→《表示形式》→《分類》の一覧から《数値》を選択→《☑桁区切り(,)を使用する》

Point　集計結果の内訳を別シートに表示する

値エリアのデータをダブルクリックすると、その内訳（詳細データ）を別シートに表示できます。

ダブルクリック

詳細データが表示される

Point　おすすめピボットテーブルを使って作成する

「おすすめピボットテーブル」を使うと、選択している表に適した数種類のピボットテーブルが表示されます。選択した表でどのようなピボットテーブルを作成できるかあらかじめ確認することができ、一覧からピボットテーブルを選択するだけで素早く簡単にピボットテーブルを作成できます。
おすすめピボットテーブルを使ってピボットテーブルを作成する方法は、次のとおりです。

◆表内のセルを選択→《挿入》タブ→《テーブル》グループの　（おすすめピボットテーブル）
※「おすすめピボットテーブル」は、Excel 2010では操作できません。

7 ピボットテーブルの集計方法を変更する

ピボットテーブルを使ってクロス集計したデータをほかの視点から集計すると、分析の幅も広がります。例えば、店舗別に商品別の売上金額を集計したとき、それぞれの商品の売上比率がわかると、店舗ごとに強い商品を知ることができます。

値エリアに配置したフィールドの集計方法は、初期の設定で、データの種類が数値の場合は「合計」、文字や日付の場合は「個数」が集計されますが、「平均」「最大」「最小」などに変更できます。また、計算の種類を全体に対する比率や、列や行に対する比率に変更することもできます。

値エリアに同じフィールドを複数配置し、異なる集計方法をそれぞれ表示することができます。また、各エリアのフィールド名はわかりやすく変更できます。

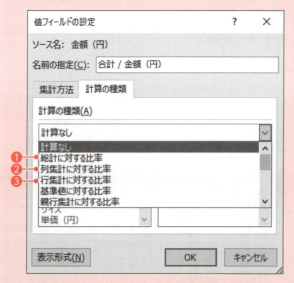

❶ 総計に対する比率
総計を100％にした場合のそれぞれの比率を求めます。

❷ 列集計に対する比率
各列の総計を100％にした場合のそれぞれの比率を求めます。

❸ 行集計に対する比率
各行の総計を100％にした場合のそれぞれの比率を求めます。

File Open ブック「5-7」を開いておきましょう。

操作
- 2016/2013 値エリアのセルを選択→《分析》タブ→《アクティブなフィールド》グループの [フィールドの設定]（フィールドの設定）→《集計方法》タブ／《計算の種類》タブ
- 2010 値エリアのセルを選択→《オプション》タブ→《アクティブなフィールド》グループの [フィールドの設定]（フィールドの設定）→《集計方法》タブ／《計算の種類》タブ

操作

① シート「**集計**」のセル【**A3**】を選択します。
※ピボットテーブル内のセルであれば、どこでもかまいません。

② **2016/2013** 《ピボットテーブルのフィールド》作業ウィンドウの「**金額（円）**」を《**値**》のボックスの《**合計 / 金額（円）**》の下にドラッグします。

2010 《ピボットテーブルのフィールドリスト》作業ウィンドウの「**金額（円）**」を《**値**》のボックスの《**合計 / 金額（円）**》の下にドラッグします。

※ドラッグ中、マウスポインタの形が に変わります。

③ ピボットテーブルに「**合計 / 金額（円）2**」が追加されます。

④ セル【**C6**】を選択します。
※「合計 / 金額（円）2」フィールドのセルであれば、どこでもかまいません。
※セル【C6】を右クリックし、《計算の種類》→《列集計に対する比率》を選択してもかまいません。選択後、操作手順⑫に進みます。

⑤ **2016/2013** 《**分析**》タブ→《**アクティブなフィールド**》グループの フィールドの設定 （フィールドの設定）をクリックします。

2010 《**オプション**》タブ→《**アクティブなフィールド**》グループの フィールドの設定 （フィールドの設定）をクリックします。

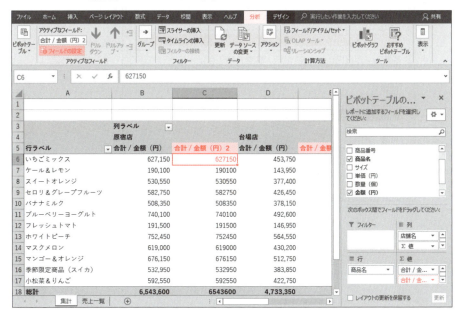

⑥《値フィールドの設定》ダイアログボックスが表示されます。
⑦《集計方法》タブを選択します。
⑧《選択したフィールドのデータ》が《合計》になっていることを確認します。

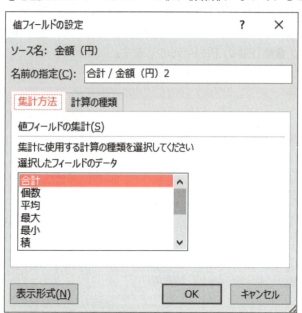

⑨《計算の種類》タブを選択します。
⑩《計算の種類》の をクリックし、一覧から《列集計に対する比率》をクリックします。
⑪《OK》をクリックします。

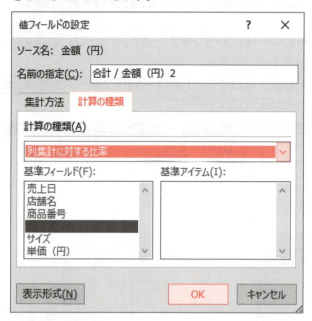

⑫店舗合計を100%とした場合の各商品の売上構成比が表示されます。

⑬セル【B5】に「売上金額」と入力します。

⑭セル【C5】に「売上構成比」と入力します。

⑮フィールド名が変更されます。

※《値》のボックスのフィールド名も変更されます。

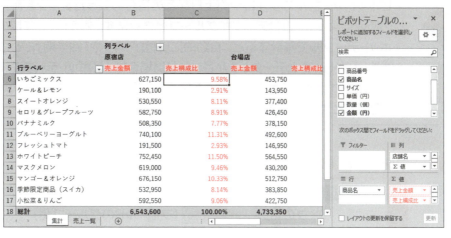

Point 小数点以下の表示桁数を変更する

値フィールドの計算の種類を比率にしたとき、パーセンテージは小数点以下2桁まで表示されますが、小数点以下の表示桁数は変更することもできます。
小数点以下の表示桁数を変更する方法は、次のとおりです。

◆値エリアのセルを右クリック→《表示形式》→《分類》の一覧から《パーセンテージ》を選択→《小数点以下の桁数》を設定

Point ピボットテーブルのデータを更新する

ピボットテーブルと、もとになるデータは連動していますが、データを変更しても自動的にピボットテーブルに反映されません。ピボットテーブルに最新の集計結果を表示するには、次のように更新します。

すぐに更新する

◆ピボットテーブル内で右クリック→《更新》

ブックを開くときに更新する

◆ピボットテーブル内で右クリック→《ピボットテーブルオプション》→《データ》タブ→《☑ファイルを開くときにデータを更新する》

8 日付のデータをグループ化して集計する

30分短縮

ピボットテーブルで受注日や売上日などの日付の入ったデータを集計する場合、日付の範囲によって、日付データがグループ化されます。例えば、1年間の売上データをピボットテーブルで集計すると、自動的に日付が「年」や「四半期」ごとにグループ化されます。しかし、売上データが1か月しかない場合は、ピボットテーブルで集計しても日付はグループ化されません。そのようなとき、グループ化する範囲や単位を設定すると、1週間ごとや10日ごとのように、日付をグループ化することができます。

File Open　ブック「5-8」を開いておきましょう。

操作
- 2016/2013　グループ化するエリアのセルを選択→《分析》タブ→《グループ》グループの ﾌｨｰﾙﾄﾞのｸﾞﾙｰﾌﾟ化 （フィールドのグループ化）
- 2010　グループ化するエリアのセルを選択→《オプション》タブ→《グループ》グループの ｸﾞﾙｰﾌﾟ ﾌｨｰﾙﾄﾞ （グループフィールド）

操作

①シート「**集計**」のセル【B4】を選択します。
※列ラベルエリアのセルであれば、どこでもかまいません。
※シート「集計」のセル【B4】を右クリックし、《グループ化》を選択してもかまいません。選択後、操作手順③に進みます。

② 2016/2013 《**分析**》タブ→《**グループ**》グループの ﾌｨｰﾙﾄﾞのｸﾞﾙｰﾌﾟ化 （フィールドのグループ化）をクリックします。
※グループが折りたたまれている場合は、 （ピボットテーブルグループ）→《フィールドのグループ化》をクリックします。

2010 《**オプション**》タブ→《**グループ**》グループの ｸﾞﾙｰﾌﾟ ﾌｨｰﾙﾄﾞ （グループフィールド）をクリックします。
※グループが折りたたまれている場合は、 （ピボットテーブルグループ）→《グループフィールド》をクリックします。

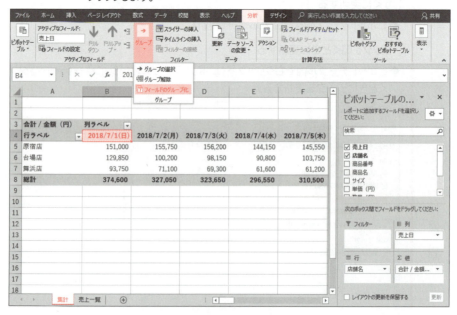

③《**グループ化**》ダイアログボックスが表示されます。
④《**単位**》の《**月**》をクリックし、選択を解除します。
⑤《**単位**》の《**日**》をクリックし、選択します。

⑥《日数》を「7」に設定します。

※「日」単位で「7」日ごとにグループ化するという意味です。

⑦《OK》をクリックします。

⑧日付が7日ごとにグループ化されます。

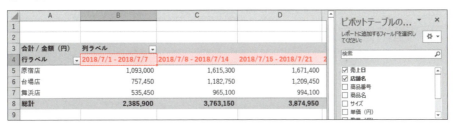

Point ピボットテーブルのレイアウトを変更する

ピボットテーブルを作成すると、自動的にピボットテーブルのレイアウトが適用されますが、あとから異なるレイアウトに変更できます。ピボットテーブルのレイアウトには、次のようなものがあります。

●コンパクト形式で表示
自動的に適用されるレイアウトです。

●表形式で表示
表形式で表示されます。

●アウトライン形式で表示
データが階層表示されます。

ピボットテーブルのレイアウトを変更する方法は、次のとおりです。

◆ピボットテーブル内のセルを選択→《デザイン》タブ→《レイアウト》グループの （レポートのレイアウト）

135

9 スライサーで集計対象を絞り込む

60分短縮

ピボットテーブルでは様々な集計ができますが、担当者ごとに売上金額を確認したり、商品ごとに売上金額を確認したりするとき、集計対象が変わるたびに項目を入れ替えるのも大変です。
そのようなときは、「スライサー」を使うと、集計データを簡単に絞り込むことができます。スライサーは、集計対象のアイテムを表示し、クリックするだけで直感的に集計対象を絞り込んで集計できます。また、ピボットテーブルに追加していないフィールドも追加できるので、ピボットテーブルを作り直す必要もありません。

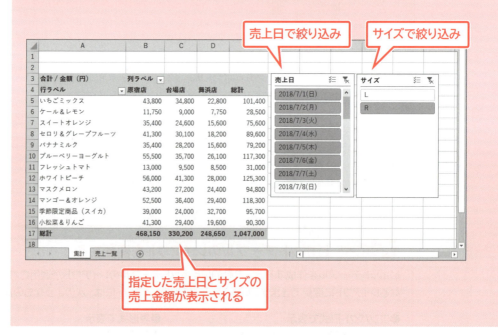

売上日で絞り込み　サイズで絞り込み
指定した売上日とサイズの売上金額が表示される

File Open　ブック「5-9」を開いておきましょう。

操作

- 2016　ピボットテーブル内のセルを選択→《分析》タブ→《フィルター》グループの [スライサーの挿入]（スライサーの挿入）
- 2013　ピボットテーブル内のセルを選択→《分析》タブ→《フィルター》グループの [スライサー]（スライサー）
- 2010　ピボットテーブル内のセルを選択→《オプション》タブ→《並べ替えとフィルター》グループの [ ]（スライサーの挿入）

第5章　データを思い通りに集計する11の技

136

操作

①シート「**集計**」のセル【A3】を選択します。
※ピボットテーブル内のセルであれば、どこでもかまいません。

② **2016** 《**分析**》タブ→《**フィルター**》グループの スライサーの挿入 （スライサーの挿入）をクリックします。

2013 《**分析**》タブ→《**フィルター**》グループの スライサー （スライサー）をクリックします。

2010 《**オプション**》タブ→《**並べ替えとフィルター**》グループの （スライサーの挿入）をクリックします。

③《**スライサーの挿入**》ダイアログボックスが表示されます。

④「**売上日**」と「**サイズ**」を ✔ にします。

⑤《**OK**》をクリックします。

⑥「売上日」と「サイズ」のスライサーが挿入されます。

⑦「売上日」のスライサーのフィールド名の部分をポイントし、マウスポインターの形が に変わったら、図のようにドラッグします。

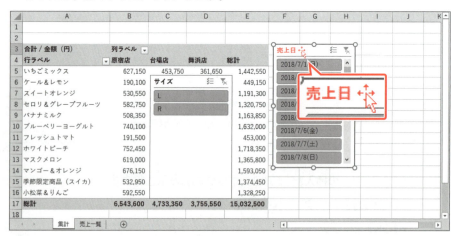

⑧ 同様に、「サイズ」のスライサーを移動します。

⑨「売上日」のスライサーの「2018/7/1(日)」をクリックします。

※ここでは、売上日の期間を「2018/7/1(日)～2018/7/7(土)」、サイズを「R」に絞り込みます。

⑩ Shift を押しながら、「2018/7/7(土)」をクリックします。

⑪「サイズ」のスライサーの「R」をクリックします。

⑫ 指定した売上日とサイズで絞り込まれたデータが表示されます。

Point　スライサーを削除する

スライサーを削除する方法は、次のとおりです。
◆スライサーを選択→Delete

Point　スライサーとレポートフィルターを使ったデータの絞り込み

レポートフィルターを使っても、スライサーと同様に、複数のデータを絞り込んで集計できます。
スライサーは常に表示されているため、瞬時に絞り込みの状態を確認したり絞り込むアイテムを変更したりできます。また、ピボットテーブルに表示していないフィールドで絞り込むこともできます。レポートフィルターは、をクリックして表示される一覧で、絞り込みの状態を確認したり絞り込むアイテムを変更したりできます。

●スライサー

●レポートフィルター

Point　タイムラインを挿入する

日付を使って管理しているピボットテーブルの場合は、「タイムライン」を使って、集計する期間をドラッグ操作で簡単に絞り込むことができます。
タイムラインを挿入する方法は、次のとおりです。
◆ピボットテーブル内のセルを選択→《分析》タブ→《フィルター》グループの タイムラインの挿入 （タイムラインの挿入）

※「タイムライン」は、Excel 2010では操作できません。

5月だけを表示

10 目標を達成するために必要な数値を逆算する

「売上目標を達成するには、商品をいくつ売ればいいのか」や「予算内で収めるには人件費をいくらにすればいいのか」など、目標値から数値を逆算する場面は多くあります。そのようなときは、「ゴールシーク」を使うと、目標値（数式の計算結果）を得るための最適な数値を導き出すことができます。ゴールシークは、単純な数式だけでなく、関数を使った複雑な数式なども簡単に逆算できます。

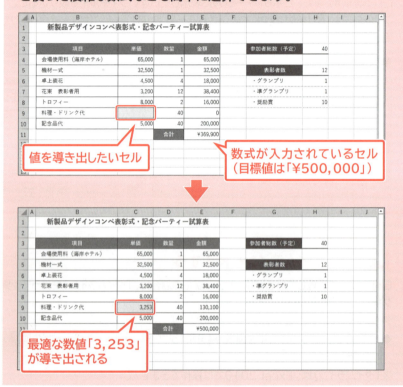

File Open ブック「5-10」を開いておきましょう。

操作
- **2016** 《データ》タブ→《予測》グループの（What-If分析）→《ゴールシーク》
- **2013/2010** 《データ》タブ→《データツール》グループの（What-If 分析）（What-If分析）→《ゴールシーク》

操作
① **2016** 《データ》タブ→《予測》グループの（What-If分析）→《ゴールシーク》をクリックします。

2013/2010 《データ》タブ→《データツール》グループの（What-If 分析）（What-If分析）→《ゴールシーク》をクリックします。

②《ゴールシーク》ダイアログボックスが表示されます。

③《数式入力セル》が反転表示されていることを確認し、セル【E11】を選択します。

※ダイアログボックスでセルが隠れている場合は、ダイアログボックスのタイトルバーをドラッグして移動します。
※《数式入力セル》が「$E$11」になります。

④《目標値》に「**500000**」と入力します。

⑤《変化させるセル》のボックスにカーソルを移動し、セル【C9】を選択します。

※《変化させるセル》が「$C$9」になります。

⑥《**OK**》をクリックします。

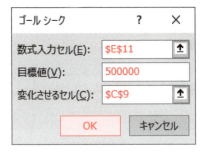

⑦《ゴールシーク》ダイアログボックスが表示されます。

⑧ メッセージを確認し、《**OK**》をクリックします。

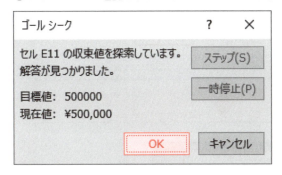

⑨ 最適な数値が入力されます。

	A	B	C	D	E	F	G	H	I	J
1		新製品デザインコンペ表彰式・記念パーティー試算表								
2										
3		項目	単価	数量	金額		参加者総数（予定）	40		
4		会場使用料（海岸ホテル）	65,000	1	65,000					
5		機材一式	32,500	1	32,500		表彰者数	12		
6		卓上装花	4,500	4	18,000		・グランプリ	1		
7		花束　表彰者用	3,200	12	38,400		・準グランプリ	1		
8		トロフィー	8,000	2	16,000		・奨励賞	10		
9		料理・ドリンク代	3,253	40	130,100					
10		記念品代	5,000	40	200,000					
11				合計	¥500,000					
12										

> **Point　反復計算の設定をする**
>
> 数式によってはゴールシークで解答が見つからずに、長時間計算を繰り返すことがあります。そのような場合には、反復計算の設定をしておくと、計算を途中で中断させることができます。
> 反復計算を使うと、計算を繰り返す上限の回数と、計算結果の変化の度合いを設定することができます。
> 反復計算を設定する方法は、次のとおりです。
>
> ◆《ファイル》タブ→《オプション》→左側の一覧から《数式》を選択→《計算方法の設定》の《☑反復計算を行う》→《最大反復回数》／《変化の最大値》に入力

11　条件を設定して複数の最適値を求める

導き出す最適値がひとつだけの場合はゴールシークを使いますが、導き出す最適値が複数ある場合は、「ソルバー」を使います。

例えば、「アパートの賃料合計の目標額を満たすために、各階の賃料をいくらにすればよいのか」や「商品の仕入価格内で商品をどう組み合わせれば最大個数を仕入れられるか」など、いくつかの条件を設定するだけで、目標値（数式の計算結果）を得るための最適な数値を導き出すことができます。

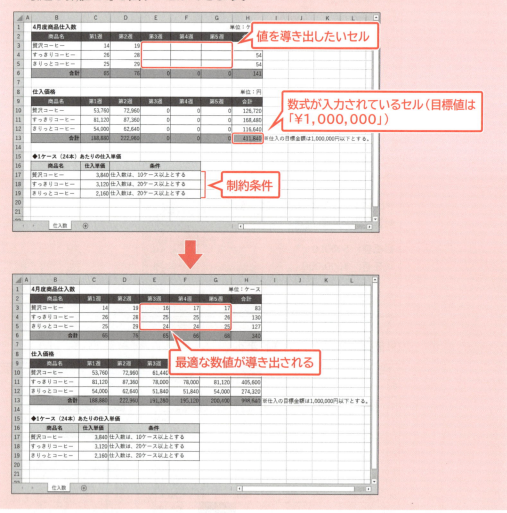

File Open　ブック「5-11」を開いておきましょう。

ソルバーアドインを追加する

「ソルバー」はExcelの拡張機能として用意されているアドインです。ソルバーを使うには、「Excelのオプション」でソルバーアドインを有効にします。

操作　《ファイル》タブ→《オプション》→左側の一覧から《アドイン》を選択→《管理》の▼→《Excelアドイン》→《設定》→《☑ソルバーアドイン》

操作

①《ファイル》タブ→《オプション》をクリックします。
②左側の一覧から《アドイン》を選択します。
③《管理》の ▼ をクリックし、一覧から《Excelアドイン》を選択します。
④《設定》をクリックします。

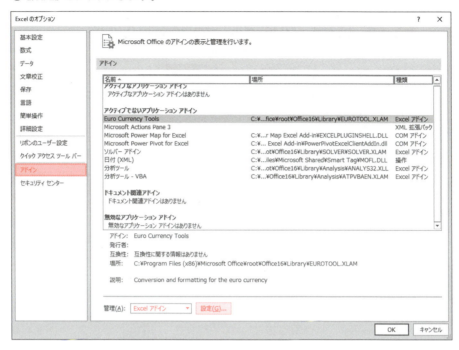

⑤《アドイン》ダイアログボックスが表示されます。
⑥《ソルバーアドイン》を ✔ にします。
⑦《OK》をクリックします。

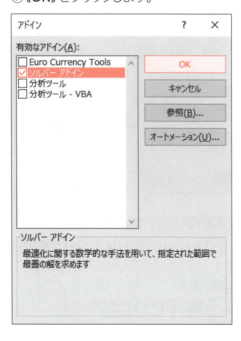

⑧《データ》タブに《分析》グループと ソルバー (ソルバー)が追加されます。

ソルバーで最適値を求める

ソルバーは、目標値を得るために複数の条件を分析して、最適な組み合わせを導き出します。条件は、《ソルバーのパラメーター》ダイアログボックスで対象となるセル範囲を設定します。同じセル範囲に複数の条件を設定することもできます。

> **操作** 《データ》タブ→《分析》グループの ソルバー （ソルバー）

①《データ》タブ→《分析》グループの ソルバー （ソルバー）をクリックします。

※ここでは、贅沢コーヒーを「10ケース以上」、すっきりコーヒーときりっとコーヒーを「20ケース以上」とする制約条件を設定し、「¥1,000,000」以下で仕入数の最適値を求めます。

②《ソルバーのパラメーター》ダイアログボックスが表示されます。

③《目的セルの設定》のボックスにカーソルを移動し、セル【H13】を選択します。

※ダイアログボックスでセルが隠れている場合は、ダイアログボックスのタイトルバーをドラッグして移動します。
※《目的セルの設定》が「$H$13」になります。

④《目標値》の《最大値》を●にします。

⑤《変数セルの変更》のボックスにカーソルを移動し、セル範囲【E3:G5】を選択します。

※《変数セルの変更》が「$E$3:$G$5」になります。

⑥《追加》をクリックします。

⑦《制約条件の追加》ダイアログボックスが表示されます。

⑧《セル参照》のボックスにカーソルを移動し、セル範囲【E3:G3】を選択します。

※《セル参照》が「$E$3:$G$3」になります。
※ここでは、「贅沢コーヒー」の制約条件を設定します。

⑨中央のボックスの ∨ をクリックし、一覧から《>=》を選択します。

⑩《制約条件》に「10」と入力します。

※「仕入数は、10ケース以上とする」という意味です。

⑪《追加》をクリックします。

⑫《セル参照》のボックスにカーソルを移動し、セル範囲【E4:G5】を選択します。
※《セル参照》が「$E$4:$G$5」になります。
※ここでは、「すっきりコーヒー」と「きりっとコーヒー」の制約条件を設定します。
⑬中央のボックスの⌄をクリックし、一覧から《>=》を選択します。
⑭《制約条件》に「20」と入力します。
※「仕入数は、20ケース以上とする」という意味です。
⑮《追加》をクリックします。

⑯《セル参照》のボックスにカーソルを移動し、セル範囲【E3:G5】を選択します。
※《セル参照》が「$E$3:$G$5」になります。
※ここでは、仕入数の制約条件を設定します。
⑰中央のボックスの⌄をクリックし、一覧から《int》を選択します。
⑱《制約条件》に《整数》と表示されます。
※「仕入数は整数とする」という意味です。
⑲《追加》をクリックします。

⑳《セル参照》のボックスにカーソルを移動し、セル【H13】を選択します。
※《セル参照》が「$H$13」になります。
㉑中央のボックスの⌄をクリックし、一覧から《<=》を選択します。
㉒《制約条件》に「1000000」と入力します。
※「仕入価格は1,000,000円以下とする」という意味です。
㉓《OK》をクリックします。

145

㉔《ソルバーのパラメーター》ダイアログボックスに戻ります。

㉕《解決》をクリックします。

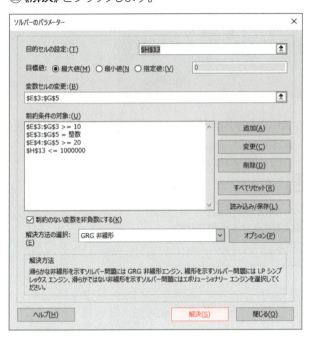

㉖《ソルバーの結果》ダイアログボックスが表示されます。

㉗《ソルバーの解の保持》を◉にします。

㉘《OK》をクリックします。

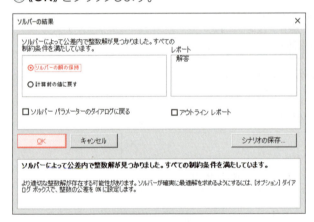

㉙ソルバーの計算結果が表に反映されます。

※《ファイル》タブ→《オプション》→左側の一覧から《アドイン》を選択→《管理》の▼→《Excelアドイン》→《設定》→《☐ソルバーアドイン》にして、ソルバーアドインを無効にしておきましょう。

第6章

ブックの共有を安全に行う6の技

1	シートを保護して誤ったデータの書き換えを防ぐ	148
2	パスワードで編集できるユーザーを制限する	152
3	ブックを保護してシート構成の変更を防ぐ	155
4	ブックを暗号化してデータを保護する	156
5	ドキュメント検査を実行して情報漏えいを防ぐ	158
6	ブックをほかのユーザーと共同編集する	160

1 シートを保護して誤ったデータの書き換えを防ぐ

部内の共通フォーマットや日々更新しているデータベースなど、複数人で使っている表の場合、誤って必要な数式を消してしまったり、書式が崩れてしまったりすることがあるかもしれません。
このようなときは、シートを保護しておくと、セルに対して入力や編集などができない状態になるため、誤ってデータを書き換えたり削除したりするのを防ぐことができます。
シートの保護は、シート全体をまとめて保護することもできますが、入力するセルだけを編集できるようにして、残りのセルを保護することもできます。数式が入力されているセルを保護したり、表のフォーマットが変更されないように書式を保護したりする際に使うと便利です。

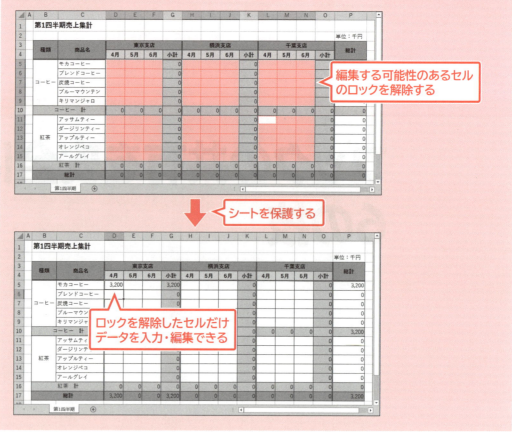

編集する可能性のあるセルのロックを解除する

シートを保護する

ロックを解除したセルだけデータを入力・編集できる

File Open ブック「6-1」を開いておきましょう。

操作

セルのロック
セル範囲を選択→《ホーム》タブ→《セル》グループの ![書式] （書式）→《セルのロック》

シートの保護
《校閲》タブ→《保護》グループの ![シートの保護] （シートの保護）
※お使いの環境によっては、グループ名の「保護」が「変更」と表示される場合があります。

操作

①セル範囲【D5:F9】を選択します。

②[Ctrl]を押しながら、セル範囲【H5:J9】、【L5:N9】、【D11:F15】、【H11:J15】、【L11:N15】を選択します。

③《ホーム》タブ→《セル》グループの 書式 (書式)→《セルのロック》をクリックします。

※コマンド名の前のボタンに枠が付いているとき、ロックされていることを意味します。

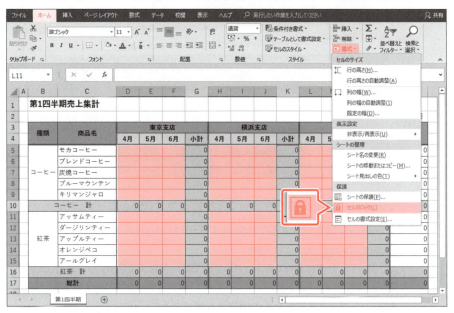

④セルのロックが解除されます。

⑤《ホーム》タブ→《セル》グループの 書式 (書式)をクリックし、《セルのロック》の前のボタンに枠が付いていないことを確認します。

※枠が付いていないとき、ロックが解除されていることを意味します。

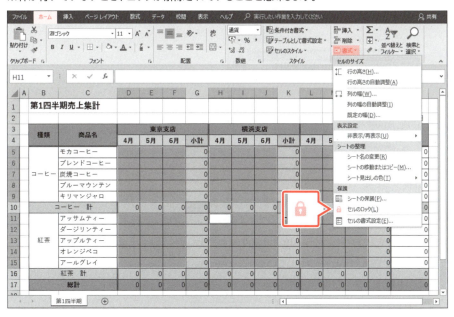

149

⑥《校閲》タブ→《保護》グループの ▦ (シートの保護) をクリックします。

※お使いの環境によっては、グループ名の「保護」が「変更」と表示される場合があります。

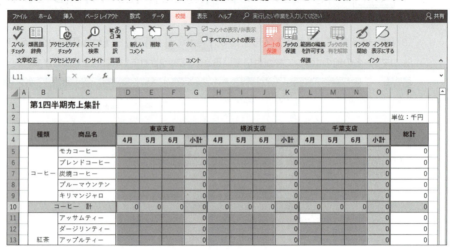

⑦《シートの保護》ダイアログボックスが表示されます。

⑧《シートの保護を解除するためのパスワード》に任意の文字を入力します。

※ここでは、「xyz」と入力しています。
※入力したパスワードは「*」で表示されます。パスワードは大文字小文字を区別します。
※パスワードを設定すると、パスワードを知っているユーザーだけがシートの保護を解除できます。

⑨《シートとロックされたセルの内容を保護する》を ☑ にします。

⑩《OK》をクリックします。

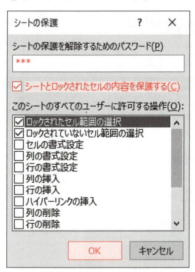

⑪《パスワードの確認》ダイアログボックスが表示されます。

⑫《パスワードをもう一度入力してください。》に操作手順⑧で入力した文字を入力します。

※ここでは、「xyz」と入力しています。

⑬《OK》をクリックします。

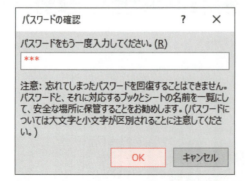

⑭ シートが保護されます。
⑮ セル【D5】に「3200」と入力します。
⑯ データが入力されます。

	A	B	C	D	E	F	G	H	I	J	K	L	M	N	O	P
1	第1四半期売上集計															
2																単位：千円
3		種類	商品名	東京支店				横浜支店				千葉支店				総計
4				4月	5月	6月	小計	4月	5月	6月	小計	4月	5月	6月	小計	
5			モカコーヒー	3,200			3,200				0				0	3,200
6			ブレンドコーヒー				0				0				0	0
7		コーヒー	炭焼コーヒー				0				0				0	0
8			ブルーマウンテン				0				0				0	0
9			キリマンジャロ				0				0				0	0
10		コーヒー 計		3,200	0	0	3,200	0	0	0	0	0	0	0	0	3,200
11			アッサムティー				0				0				0	0
12			ダージリンティー				0				0				0	0
13		紅茶	アップルティー				0				0				0	0
14			オレンジペコ				0				0				0	0
15			アールグレイ				0				0				0	0

※保護されているセルにデータを入力すると、メッセージが表示されて入力できないことを確認しておきましょう。

Point シートの保護を解除する

パスワードを入力してシートを保護すると、シートの保護を解除するときに、パスワードの入力が必要になります。
シートの保護を解除してすべてのセルを編集可能な状態に戻す方法は、次のとおりです。
◆《校閲》タブ→《保護》グループの ![] (シート保護の解除)
※お使いの環境によっては、グループ名の「保護」が「変更」と表示される場合があります。

Point セルをロックされた状態に戻す

ロックを解除したセルは、シートの保護を解除してもロック状態には戻りません。必要に応じてロック状態に戻しておきましょう。
セルをロックされた状態に戻す方法は、次のとおりです。
◆セル範囲を選択→《ホーム》タブ→《セル》グループの ![書式] (書式)→《セルのロック》

Point シートを保護しても実行できる操作を指定する

シートを保護すると、セルの入力・編集ができなくなりますが、《このシートのすべてのユーザーに許可する操作》の一覧からシートに対して実行を許可する操作を指定できます。☑にした操作はシートを保護しても実行できます。

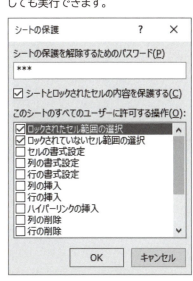

2 パスワードで編集できるユーザーを制限する

パスワードを知っているユーザーだけが許可された範囲を編集できるように制限できます。さらに、許可する範囲に応じてパスワードを変更すれば、ユーザーごとに編集できる範囲を設定することもできます。同じシート上で編集できる範囲をユーザーごとに設定できるので、データの消去や書き換えのリスクを軽減できます。

File Open　ブック「6-2」を開いておきましょう。

操作
- 2016　セル範囲を選択→《校閲》タブ→《保護》グループの ■（範囲の編集を許可する）
  ※お使いの環境によっては、グループ名の「保護」が「変更」と表示される場合があります。
- 2013/2010　《校閲》タブ→《変更》グループの ■範囲の編集を許可（範囲の編集を許可）

操作

① セル範囲【D5:F9】を選択します。

② [Ctrl] を押しながら、セル範囲【H5:J9】、【L5:N9】、【D11:F15】、【H11:J15】、【L11:N15】を選択します。

③ 2016　《校閲》タブ→《保護》グループの ■（範囲の編集を許可する）をクリックします。
　　※お使いの環境によっては、グループ名の「保護」が「変更」と表示される場合があります。
　 2013/2010　《校閲》タブ→《変更》グループの ■範囲の編集を許可（範囲の編集を許可）をクリックします。

④《範囲の編集の許可》ダイアログボックスが表示されます。

⑤《新規》をクリックします。

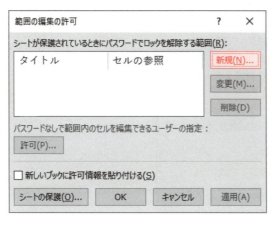

⑥《新しい範囲》ダイアログボックスが表示されます。

⑦《セル参照》が「＝＄D＄5:＄F＄9,＄H＄5:＄J＄9,＄L＄5:＄N＄9,＄D＄11:＄F＄15,＄H＄11:＄J＄15,＄L＄11:＄N＄15」になっていることを確認します。

⑧《範囲パスワード》に任意の文字を入力します。

※ここでは、「abc」と入力しています。

※入力したパスワードは「＊」で表示されます。パスワードは大文字小文字を区別します。

⑨《OK》をクリックします。

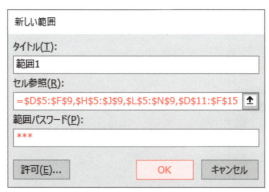

⑩《パスワードの確認》ダイアログボックスが表示されます。

⑪《パスワードをもう一度入力してください。》に操作手順⑧で入力した文字を入力します。

※ここでは、「abc」と入力しています。

⑫《OK》をクリックします。

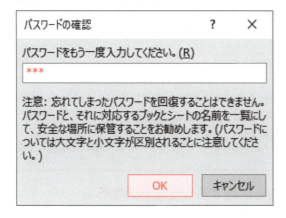

153

⑬《範囲の編集の許可》ダイアログボックスに戻ります。

⑭《シートの保護》をクリックします。

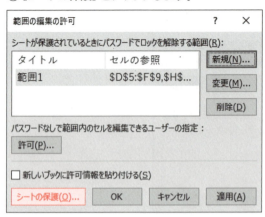

⑮《シートの保護》ダイアログボックスが表示されます。

⑯《シートの保護を解除するためのパスワード》に任意の文字を入力します。

※ここでは、「xyz」と入力しています。
※入力したパスワードは「*」で表示されます。パスワードは大文字小文字を区別します。
※パスワードを設定すると、パスワードを知っているユーザーだけがシートの保護を解除できます。

⑰《シートとロックされたセルの内容を保護する》を ☑ にします。

⑱《OK》をクリックします。

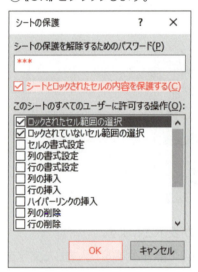

⑲《パスワードの確認》ダイアログボックスが表示されます。

⑳《パスワードをもう一度入力してください。》に操作手順⑯で入力した文字を入力します。

※ここでは、「xyz」と入力しています。

㉑《OK》をクリックします。

㉒ シートが保護されます。

※セル範囲【D5:F9】、【H5:J9】、【L5:N9】、【D11:F15】、【H11:J15】、【L11:N15】を編集しようとすると、パスワードを入力する画面が表示されることを確認しておきましょう。また、パスワードを入力して、編集できることを確認しておきましょう。
※保護されているセルにデータを入力すると、メッセージが表示され入力できないことを確認しておきましょう。

Point 範囲の編集を許可する設定を解除する

範囲の編集を許可する設定を解除して、すべてのセルを編集可能な状態に戻すには、シートの保護を解除します。

※シートの保護の解除については、P.151「Point シートの保護を解除する」に記載しています。

3 ブックを保護してシート構成の変更を防ぐ

便利ワザ

ブック内で複数のシートを管理しているとき、シートの表示順序に意味があったり、別のシートを参照して数式を入力していたりすることがあります。誤ってシートを移動されてしまったり、削除されてしまったりすると困る場合は、ブックを保護します。
ブックを保護しておくと、シートの挿入や削除、移動など、シートに関する操作ができなくなるため、勝手にシート構成が変更されるのを防ぐことができます。パスワードを設定すると、パスワードを知っているユーザーだけがブックの保護を解除できます。

File Open ブック「6-3」を開いておきましょう。

操作
《校閲》タブ→《保護》グループの ■（ブックの保護）
※お使いの環境によっては、グループ名の「保護」が「変更」と表示される場合があります。

操作

①《校閲》タブ→《保護》グループの ■（ブックの保護）をクリックします。
※お使いの環境によっては、グループ名の「保護」が「変更」と表示される場合があります。

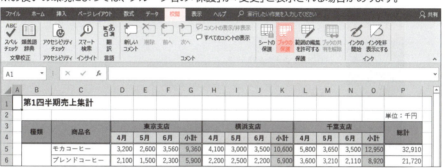

②《シート構成とウィンドウの保護》ダイアログボックスが表示されます。

③《シート構成》を ☑ にします。

④《OK》をクリックします。

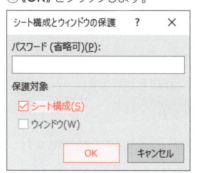

※シートの挿入や削除、移動などができないことを確認しておきましょう。

Point　ブックの保護を解除する

パスワードを入力してブックを保護すると、ブックの保護を解除するときに、パスワードの入力が必要になります。
ブックの保護を解除して、シートに関する操作を編集可能な状態に戻す方法は、次のとおりです。
◆《校閲》タブ→《保護》グループの ■（ブックの保護）
※お使いの環境によっては、グループ名の「保護」が「変更」と表示される場合があります。

4 ブックを暗号化してデータを保護する

重要なデータを扱っているブックを誰からでも見られる状態にしておくことは、セキュリティ上問題があります。特定のユーザーだけがデータを扱えるようにするためには、ブックを暗号化します。
ブックを暗号化すると、ブックを開くときにパスワードの入力が必要になります。パスワードを知っているユーザーだけがブックを開くことができるので、機密性を高めることができます。

File Open ブック「6-4」を開いておきましょう。

> 《ファイル》タブ→《情報》→《ブックの保護》→《パスワードを使用して暗号化》

① 《ファイル》タブ→《情報》→《ブックの保護》→《パスワードを使用して暗号化》をクリックします。

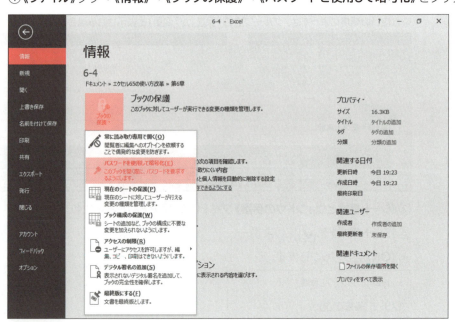

② 《ドキュメントの暗号化》ダイアログボックスが表示されます。

③ 《パスワード》に任意の文字を入力します。

※ここでは、「abc」と入力しています。
※入力したパスワードは「●」で表示されます。パスワードは大文字小文字を区別します。

④ 《OK》をクリックします。

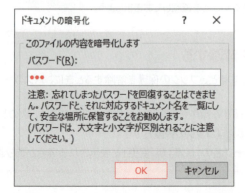

⑤《パスワードの確認》ダイアログボックスが表示されます。

⑥《パスワードの再入力》に操作手順③で入力した文字を入力します。

※ここでは、「abc」と入力しています。

⑦《OK》をクリックします。

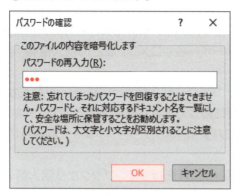

⑧パスワードが設定されます。

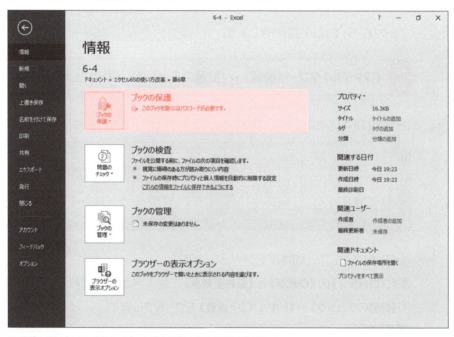

※設定したパスワードは、ブックを保存すると有効になります。

※ブックに任意の名前を付けて保存し、ブックを開き直すと、パスワードの入力が求められることを確認しておきましょう。

> **Point** **ブックの暗号化を解除する**
>
> ブックの暗号化を解除するには、ブックに設定したパスワードを削除します。
> ブックの暗号化を解除する方法は、次のとおりです。
>
> ◆《ファイル》タブ→《情報》→《ブックの保護》→《パスワードを使用して暗号化》→《パスワード》のパスワードを削除

157

5 ドキュメント検査を実行して情報漏えいを防ぐ

作成したブックを社内で共有したり、顧客や取引先など社外の人に配布したりするような場合は、ブックに含まれるユーザー名やコメントなどの個人情報や隠しデータは見せたくないものです。
「ドキュメント検査」を使うと、ブックに個人情報や隠しデータなどが含まれていないかどうかをチェックして、必要に応じてそれらを削除できます。ドキュメント検査の対象になるのは、コメントやプロパティ、ヘッダー・フッター、非表示の行・列・シートなどです。
ブックを配布する前にドキュメント検査を行って、ブックから個人情報や隠しデータなどを削除しておくと、情報の漏えいを防ぐことができます。

File Open ブック「6-5」を開いておきましょう。

操作 《ファイル》タブ→《情報》→《問題のチェック》→《ドキュメント検査》

操作

① セル【I14】をポイントし、コメントが挿入されていることを確認します。

② 《ファイル》タブ→《情報》をクリックします。

③ 《プロパティ》の《作成者》と《最終更新者》に個人名が表示されていることを確認します。

④ 《問題のチェック》→《ドキュメント検査》をクリックします。

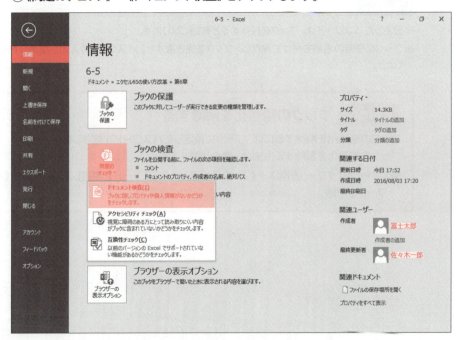

⑤《ドキュメントの検査》ダイアログボックスが表示されます。

⑥すべての検査項目が☑になっていることを確認します。

※なっていない場合は☑にします。

⑦《検査》をクリックします。

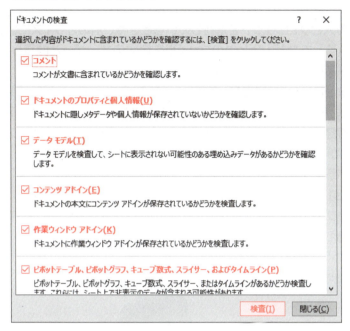

⑧検査結果が表示されます。

※個人情報や隠しデータが含まれている可能性のある項目には、《すべて削除》が表示されます。

⑨《コメント》の《すべて削除》をクリックします。

※お使いの環境によっては、「コメント」が「コメントと注釈」と表示される場合があります。

⑩コメントが削除されます。

⑪同様に、《ドキュメントのプロパティと個人情報》の《すべて削除》をクリックします。

⑫プロパティが削除されます。

⑬《閉じる》をクリックします。

※セル【I14】のコメントとプロパティが削除されていることを確認しておきましょう。

6 ブックをほかのユーザーと共同編集する

便利ワザ

組織内外の人とプロジェクトを進行しているときや、別のオフィスにいる同僚と業務を共有しているときなど、ひとつのファイルを複数のユーザーと閲覧したり、編集したりする場合があります。

そのようなときは、「共同編集」を使うと、複数のユーザーと作業を共有できます。共同編集では、同じブックを同時に開いて作業できるだけでなく、それぞれのユーザーが編集した内容がリアルタイムで共有相手のブックに反映されるため、スムーズに業務を進めることができます。

共同編集するブックは、マイクロソフト社が提供するクラウドサービス「OneDrive for Business」に保存して使います。OneDrive for BusinessはOffice 365の法人向けのサブスクリプションを取得すれば、インターネットにつながっている環境でどこからでも使えます。

※Office 365の法人向けのサブスクリプションは、有償サービスです。
※「共同編集」は、Excel 2013、Excel 2010では操作できません。

なお、共同編集を使うには、次のものが必要です。
- Office 365 サブスクリプション（マイクロソフト社の最新Officeが永続的に使えるライセンス）
- Office 365 最新バージョンのExcel

ここでは、Office 365 Businessのサブスクリプションを使って、次のように共同編集する操作を紹介します。

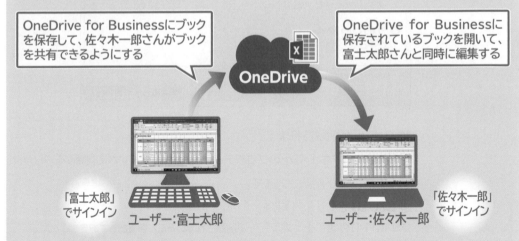

File Open ブック「6-6」を開いておきましょう。

ブックをOneDrive for Businessにアップロードする

Office 365 Businessのサブスクリプションアカウントで Excel にサインインすると、ファイルの保存先としてOneDrive for Businessを指定できるようになります。OneDrive for Businessへのアップロードは、名前を付けて保存するときと同じような操作で行えるため、特別な操作は必要ありません。

操作 　**2016**　《ファイル》タブ→《名前を付けて保存》→《OneDrive−(会社名)》

操作

①Office 365 BusinessのサブスクリプションアカウントでExcelにサインインしていることを確認します。
※ここでは、富士太郎でサインインしています。
②《ファイル》タブ→《名前を付けて保存》→《OneDrive−(会社名)》をクリックします。
③「6-6」を削除し、「売上集計」と入力します。
④《Excelブック(*.xlsx)》と表示されていることを確認します。
⑤《保存》をクリックします。

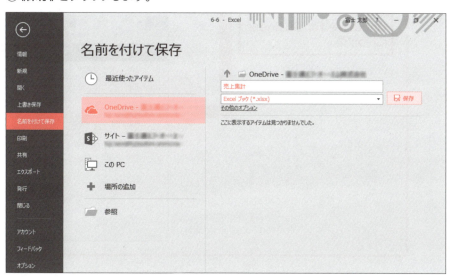

⑥OneDrive for Businessにブック**「売上集計」**が保存されます。
※Office 365を利用している場合、クイックアクセスツールバーの左側に《自動保存》が表示されます。自動保存は、ファイルがOneDriveに保存されているときに有効になり、ファイルを変更すると、作業内容を自動的に保存します。

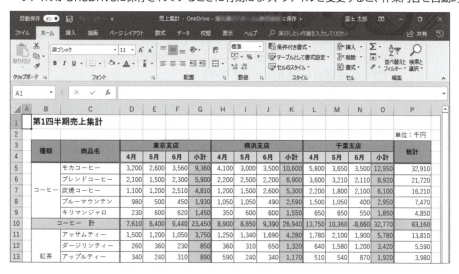

Point　ブラウザーを使ってブックをOneDrive for Businessにアップロードする

ブラウザーを使ってブックをOneDrive for Businessにアップロードするには、Office 365 Businessのサブスクリプションアカウントを使ってサインインします。
表示されたOne Driveの画面にブックをドラッグするだけで、簡単にアップロードできます。
OneDriveのURLは、次のとおりです。

https://onedrive.live.com/

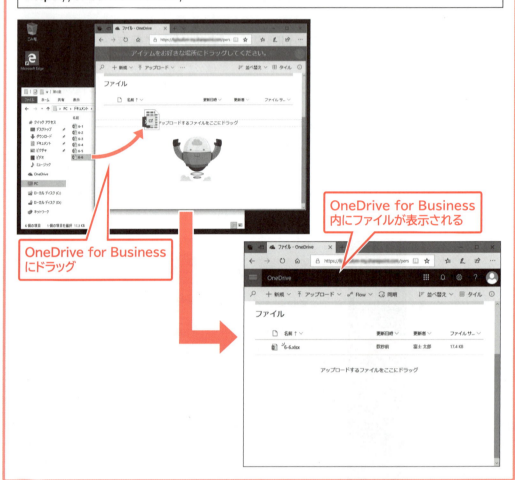

Point　共同編集で使えるExcelブックの形式

共同編集で使うことができるExcelブックの形式は、「ブック(.xlsx)」、「マクロ有効ブック(.xlsm)」、「バイナリブック(.xlsb)」です。
ファイルの形式がこれ以外の場合は、ブックの形式を「ブック(.xlsx)」に変更します。
ブックの形式を変更する方法は、次のとおりです。

◆《ファイル》タブ→《エクスポート》→《ファイルの種類の変更》→《ファイルの種類の変更》の一覧から《ブック》を選択→《名前を付けて保存》

OneDrive for Businessに保存したブックを共有する

OneDrive for Businessにブックを保存しても、アクセス許可を付与しない限りほかのユーザーと共有できません。そのためOneDrive for Businessにブックをアップロードしたら、ほかのユーザーとブックを共有できるようにアクセス許可を付与して、ブックへのリンクを送信します。

> 操作　2016　共有（共有）→《リンクの送信》に共有するユーザーのサブスクリプションアカウントを入力→《送信》

操作

①　共有（共有）をクリックします。

※ここでは、富士太郎が佐々木一郎とブックを共有できるようにします。

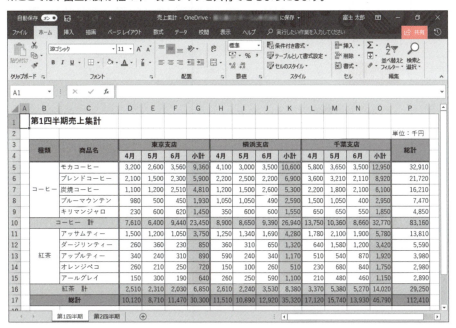

②《リンクの送信》が表示されます。

③共有するユーザーのサブスクリプションアカウントを入力します。

※入力中、入力したサブスクリプションアカウントのユーザー名が表示されます。

④表示されたユーザー名を選択します。

163

⑤ユーザー名が選択されます。

⑥《送信》をクリックします。

⑦《'売上集計.xlsx'へのリンクを送信しました》が表示されます。

⑧ ✕ をクリックします。

> **Point** ブラウザーでブックにアクセス許可を付与する
>
> ブラウザーを使って、ブックにアクセス許可を付与することもできます。
> ブックにアクセス許可を付与する方法は、次のとおりです。
>
> ◆ブラウザーでOneDriveにアクセスし、サインイン→アップロードしたブックの《プライベート》→《アクセス許可を付与》→共有するユーザーのサブスクリプションアカウントを入力→《☑ユーザーに通知する》→《アクセス許可を付与》
>
> ※ブックにアクセス許可を付与すると、《プライベート》が《共有》に変更されます。

アクセスを許可されたブックを開いて共同編集する

同じブックを同時に開いて編集する場合、誰がどこを編集しているのか確認できないと同じ場所を編集してしまう可能性があります。共同編集しているユーザー同士がOffice 365またはExcel Onlineを使っている場合は、複数人で同時に編集していても、ほかのユーザーのアクティブセルを色分けして表示します。また、編集している内容は、数秒でほかのユーザーのブックにも反映されます。

操作 2016 《ファイル》タブ→《開く》→《自分と共有》

操作

①Office 365 BusinessのサブスクリプションアカウントでExcelにサインインしていることを確認しています。
※ここでは、佐々木一郎でサインインしています。

②《ファイル》タブ→《開く》→《自分と共有》→ブック「**売上集計**」をクリックします。

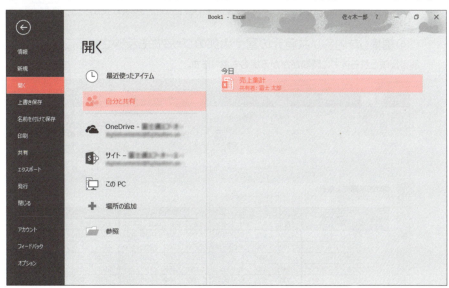

③ブックが開かれます。

④画面左上の《**自動保存**》が になり、右端に現在共同編集しているユーザーが表示されます。

※ をポイントすると、現在共同編集しているユーザー名が表示されます。

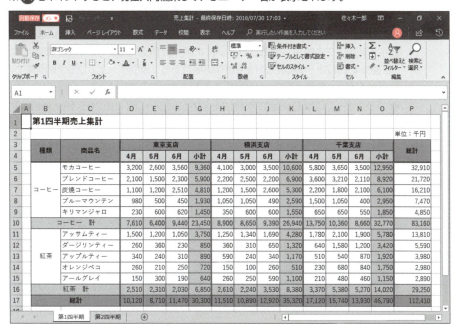

⑤セル【N8】を「630」に修正します。

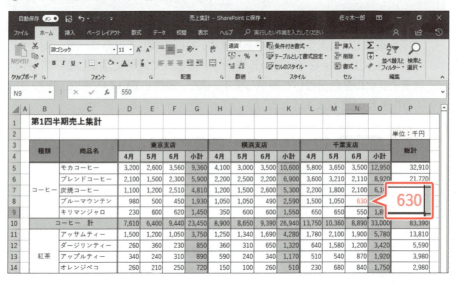

⑥編集した内容が共有元の富士太郎のブックにも反映されることを確認します。
※反映されるまでに時間がかかる場合もあります。

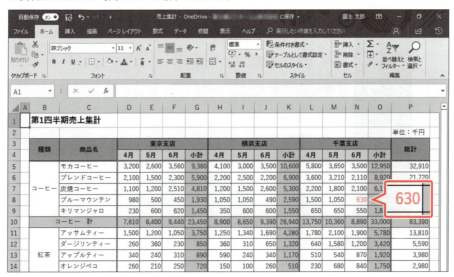

> **Point** Excel Onlineを使ってブックを編集する
>
> Excel Onlineはブラウザー上で利用できるExcelです。Excel Onlineはデスクトップ版のExcelに比べて利用できる機能が制限されていますが、Office 365 Businessのサブスクリプションアカウントを使ってインストールしたOfficeがない場合でもブラウザー上でブックを編集できます。
> Excel Onlineを使ってブックを編集する方法は、次のとおりです。
> ◆ブラウザーでOneDriveにアクセスし、サインイン→Office 365 Businessのサブスクリプションアカウントを使ってサインイン→左側の一覧から《共有》を選択→《自分と共有》／《自分が共有元》→編集するブックを選択

> **Point** Excel 2013／2010でブックを共有する
>
> 共同編集はExcel 2016の機能です。Excel 2013または2010で複数のユーザーと作業を共有する場合は、「ブックの共有」を使います。
> ブックを共有する方法は、次のとおりです。
> ◆《校閲》タブ→《変更》グループの ■ （ブックの共有）→《編集》タブ→《☑複数のユーザーによる同時編集と、ブックの結合を許可する》

第7章

意外と知らない印刷6の技

1	改ページプレビューで印刷する範囲を自由に設定する ……	168
2	表の見出しを全ページに印刷する …………………………	172
3	エラー表示を印刷しない ………………………………………	174
4	1ページに収めて印刷する …………………………………	176
5	ページ設定を複数のシートにまとめてコピーする …………	178
6	複数の箇所を選択して別のページに印刷する ………………	180

1 改ページプレビューで印刷する範囲を自由に設定する

作成した表を印刷したあとで、「前のページにあと1行入れたかった」「この行から次のページに送りたかった」などと思うことはよくあります。

このようなときは、「改ページプレビュー」に切り替えます。改ページプレビューは、印刷範囲や改ページ位置をひと目で確認できる表示モードで、シート上にページ番号やページ区切りが表示されます。印刷範囲やページ区切りをドラッグすることによって、1ページに印刷する範囲を調整したり、区切りのよい位置で改ページされるように調整したりできます。

File Open ブック「7-1」を開いておきましょう。

> 操作　ステータスバーの 凹 （改ページプレビュー）→印刷する範囲に合わせて太線／点線をドラッグ

操作

① シート**「売上一覧」**が表示されていることを確認します。

② ステータスバーの 凹 （改ページプレビュー）をクリックします。

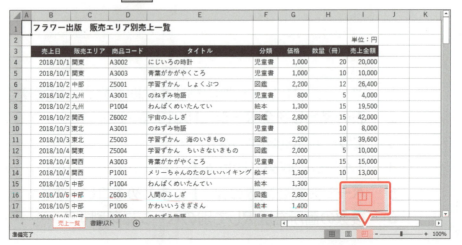

③表示モードが改ページプレビューに切り替わります。

※《改ページプレビューへようこそ》ダイアログボックスが表示される場合は、《OK》をクリックします。

※印刷される領域は白色の背景色、印刷されない領域は灰色の背景色で表示されます。

④A列の左側にある青い太線をポイントし、マウスポインターの形が⇔に変わったら、B列の左側までドラッグします。

※ここでは、すべての列を1ページに収めて月ごとに印刷されるように、印刷範囲とページ区切りを調整します。

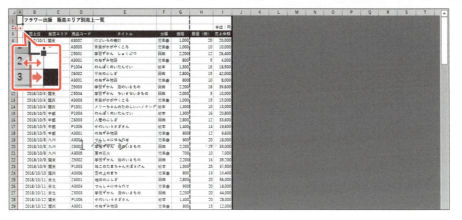

⑤A列が印刷範囲から除かれます。

⑥G列の右側にある青い点線をポイントし、マウスポインターの形が⇔に変わったら、I列の右側までドラッグします。

※お使いの環境によっては、I列までが印刷対象になり、青い点線が表示されない場合があります。
　青い点線が表示されない場合は、操作手順⑦に進みます。

⑦すべての列が1ページに印刷されるように印刷範囲が設定されます。

⑧43行目の下側にある青い点線をポイントし、マウスポインターの形が↕に変わったら、49行目の下側までドラッグします。

※お使いの環境によっては、青い点線の位置が異なる場合があります。

169

⑨49行目の位置にページ区切りが表示されます。
※青い実線で表示されます。

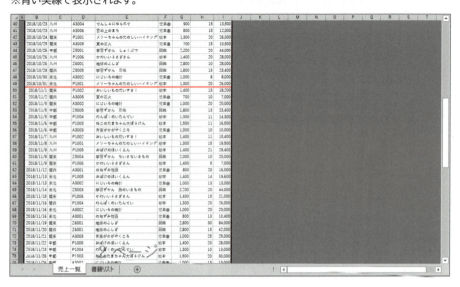

⑩同様に、99行目の下側にある青い点線を83行目の下側までドラッグします。
※お使いの環境によっては、青い点線の位置が異なる場合があります。

⑪印刷範囲と改ページ位置が設定されます。

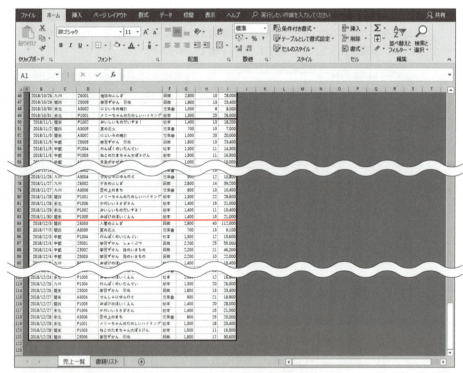

※《ファイル》タブ→《印刷》をクリックし、印刷プレビューを確認しておきましょう。確認できたら Esc を押して、印刷プレビューを解除しておきましょう。

> **Point** 改ページを挿入する
>
> 特定の位置で強制的にページを区切る場合は、改ページを挿入します。
> 改ページを挿入する方法は、次のとおりです。
> ◆ステータスバーの 凹 (改ページプレビュー)→行または列を右クリック→《改ページの挿入》

Point 印刷範囲として設定した範囲だけを印刷する

初期の設定では、印刷を実行すると、選択されているシートのデータがすべて印刷されますが、繰り返し特定のセル範囲を印刷する場合、印刷範囲を設定しておくと、印刷する領域を指定する手間が省けるので効率的です。
印刷範囲を設定する方法は、次のとおりです。

◆セル範囲を選択→《ページレイアウト》タブ→《ページ設定》グループの （印刷範囲）→《印刷範囲の設定》

2 表の見出しを全ページに印刷する

縦に長い表を印刷すると、複数ページに分かれて印刷されるため、2ページ目以降は表の見出しが表示されない状態で印刷されます。
このようなときは、見出しが入力されている行を印刷タイトルとして設定すると、各ページに共通の見出しを付けて印刷できます。横に長い表の場合は、列単位で見出しを設定します。

File Open ブック「7-2」を開いておきましょう。

操作 《ページレイアウト》タブ→《ページ設定》グループの ![印刷タイトル] （印刷タイトル）→《シート》タブ →《タイトル行》

操作
① シート「売上一覧」が表示されていることを確認します。
② ステータスバーの ![ページレイアウト] （ページレイアウト）をクリックします。
③ 表示モードがページレイアウトモードに切り替わります。
④ 《ページレイアウト》タブ→《ページ設定》グループの ![印刷タイトル] （印刷タイトル）をクリックします。

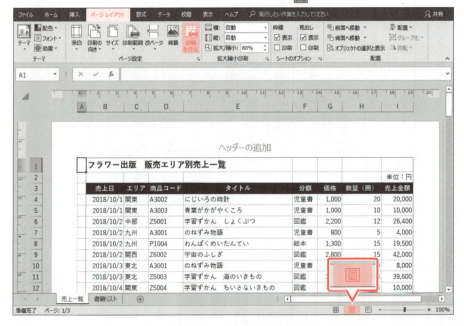

⑤《ページ設定》ダイアログボックスが表示されます。

⑥《シート》タブを選択します。

⑦《タイトル行》のボックスにカーソルを移動し、行番号【3】を選択します。
※行番号がダイアログボックスで隠れている場合は、ダイアログボックスのタイトルバーをドラッグして移動します。
※《タイトル行》に「$3:$3」と表示されます。

⑧《OK》をクリックします。

⑨2ページ目以降にも印刷タイトルが表示されることを確認します。

173

3 エラー表示を印刷しない

入力した関数や数式が誤っていたり、計算対象の数値が未入力だったりすると、セルに「#DIV/0!」「#N/A」「#NAME」「#REF!」「#VALUE!」などのエラーが表示されます。エラーが表示された場合、エラーの原因を確認してエラーを解決したり、ISERROR関数やIFERROR関数などを使ってエラーが表示されないように回避したりします。そのような時間がなく、いますぐ印刷しなければいけないようなときは、エラーの表示を空白や「--」といった文字に置き換えて印刷することができます。緊急時の対応方法として覚えておくと便利です。

File Open ブック「7-3」を開いておきましょう。

操作 《ファイル》タブ→《印刷》→《ページ設定》→《シート》タブ→《セルのエラー》

操作

① シート「2018年度」のセル【K11】にエラー「#DIV/0!」が表示されていることを確認します。
② 《ファイル》タブ→《印刷》をクリックします。
③ 印刷プレビューが表示されます。
④ エラーが表示されていることを確認します。
※画面右下の （ページに合わせる）をクリックすると、印刷プレビュー画面が拡大されます。
※エラーが表示されていない場合は、スクロールして調整します。
⑤ 《ページ設定》をクリックします。

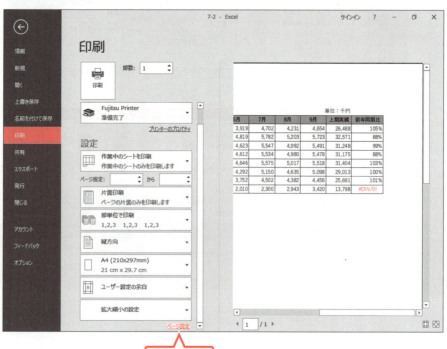

⑥《ページ設定》ダイアログボックスが表示されます。
⑦《シート》タブを選択します。
⑧《セルのエラー》の▽をクリックし、一覧から「--」を選択します。
⑨《OK》をクリックします。

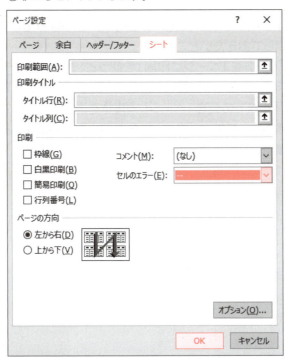

⑩ エラーの「#DIV/0!」が「--」と表示されることを確認します。

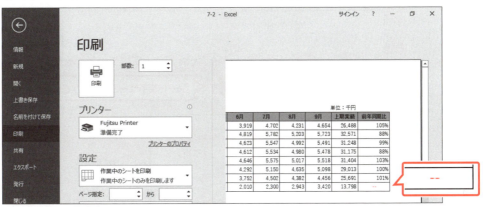

※確認できたら Esc を押して、印刷プレビューを解除しておきましょう。

Point 《シート》タブで設定できるその他の印刷設定

《ページ設定》ダイアログボックスの《シート》タブでは、セルのエラーの表示方法以外にも、次のようなことを設定できます。

●枠線
シート内に表示されている枠線を印刷できます。

●行列番号
シートの列番号と行番号を印刷できます。

●コメント
セルに挿入されているコメントを印刷できます。

●ページの方向
初期の設定では、《左から右》が●になっており、1ページに収まらない表を印刷するとき、シートの上から下、左から右の順に印刷します。《上から下》を●にすると、この方向を変更し、シートの左から右、上から下の順に印刷します。

175

4 1ページに収めて印刷する

印刷プレビューを表示したとき、表の右側、下側が少しずつはみ出してしまった場合は1ページに収めて印刷しておきたいところです。
そのようなときは、「シートを1ページに印刷」を使うと、瞬時に表を1ページに収まるように縮小してくれます。また、縦に長い表であれば《すべての行を1ページに印刷》、横に長い表であれば《すべての列を1ページに印刷》を選択することで、縦または横を基準に1ページに収まるように縮小します。自分で縮小率を設定する必要がなく、印刷プレビューで状態を確認しながら設定できるので便利です。

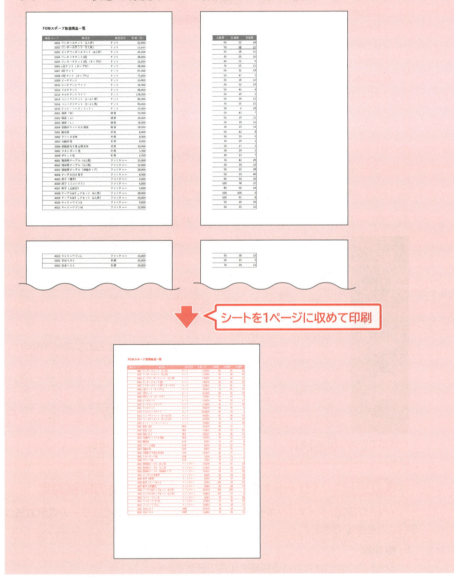

シートを1ページに収めて印刷

ブック「7-4」を開いておきましょう。

 《ファイル》タブ→《印刷》→《拡大縮小なし》→《シートを1ページに印刷》

第7章 意外と知らない印刷6の技

176

操作

①《ファイル》タブ→《印刷》をクリックします。
②印刷プレビューが表示されます。
③4ページに印刷されることを確認します。
④《拡大縮小なし》をクリックし、一覧から《シートを1ページに印刷》をクリックします。

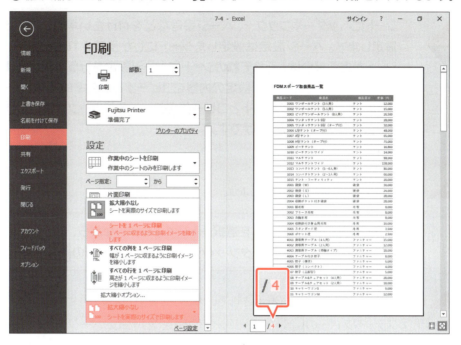

⑤1ページに表全体が表示されていることを確認します。

※確認できたら[Esc]を押して、印刷プレビューを解除しておきましょう。

Point　印刷プレビューに切り替えずに1ページに収める

《ページレイアウト》タブの《拡大縮小印刷》グループでは、ページ数を指定すると、自動的に指定のページ数に合わせて印刷結果の幅や高さを調整します。また、倍率を指定することもできます。
《拡大縮小印刷》グループを使って、1ページに収まるように印刷する方法は、次のとおりです。

◆《ページレイアウト》タブ→《拡大縮小印刷》グループの [横:]（横）／[縦:]（縦）の [▼]→《1ページ》

177

5 ページ設定を複数のシートにまとめてコピーする

シートにヘッダーやフッター、ページ番号などを付けたい場合、「ページ設定」を使って設定します。ページ設定は設定したシートにしか反映されないため、ブックに複数のシートがある場合は、それぞれのシートにページ設定を行う必要があります。
そのようなときは、ページ設定の内容をコピーすると効率的です。ページ設定をコピーするには、コピー元のシートとコピー先のシートをグループに設定し、《ページ設定》ダイアログボックスを開くだけです。

File Open ブック「7-5」を開いておきましょう。

操作 コピー元のシート見出しを選択→ Ctrl を押しながら、コピー先のシート見出しを選択→《ページレイアウト》タブ→《ページ設定》グループの ▣ (ページ設定)→《OK》

操作
① シート「**2018上期**」が表示されていることを確認します。
② ステータスバーの ▣ (ページレイアウト)をクリックし、ページレイアウトモードに切り替えます。
③ 表のすべての列が1ページに表示され、ヘッダーに「**シート名**」、フッターに「**ページ番号/総ページ数**」が表示されていることを確認します。

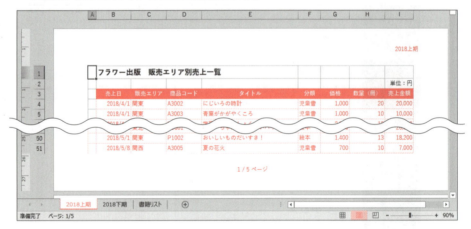

④ シート「**2018下期**」のシート見出しを選択します。
⑤ ステータスバーの ▣ (ページレイアウト)をクリックし、ページレイアウトモードに切り替えます。
⑥ 表の列が2ページに表示され、ヘッダーとフッターに何も表示されていないことを確認します。

⑦シート「**2018上期**」のシート見出しを選択します。

⑧ Ctrl を押しながら、シート「**2018下期**」のシート見出しを選択します。

⑨タイトルバーに「**[グループ]**」と表示されます。

※お使いの環境によっては、「[作業グループ]」と表示される場合があります。

⑩《ページレイアウト》タブ→《ページ設定》グループの (ページ設定)をクリックします。

⑪《ページ設定》ダイアログボックスが表示されます。

⑫《OK》をクリックします。

⑬シート「**2018上期**」のページ設定がシート「**2018下期**」にコピーされます。

⑭シート「**2018年下期**」のシート見出しを選択します。

⑮表のすべての列が1ページに表示され、ヘッダーに「**シート名**」、フッターに「**ページ番号/総ページ数**」が表示されていることを確認します。

⑯シート「**書籍リスト**」をクリックして、グループを解除します。

※シート見出しを右クリックし、《シートのグループ解除》または《作業グループ解除》をクリックしてもかまいません。

Point シートごとにページ番号を振り直して印刷する

シートにページ番号を設定した状態でブック全体を印刷したり、複数のシートをまとめて印刷したりすると、すべてのシートに連番が振られます。ページ番号をシートごとに振り直す場合はそれぞれのシートで設定を変更します。シートごとにページ番号を振り直す方法は、次のとおりです。

◆《ページレイアウト》タブ→《ページ設定》グループの (ページ設定)→《ページ》タブ→《先頭ページ番号》に「1」と入力

179

6 複数の箇所を選択して別のページに印刷する

30秒短縮

シート上に作成された表やグラフなどのデータを印刷するとき、印刷対象の内容によって1ページにまとめて印刷した方がわかりやすかったり、別のページに分けて印刷した方が見やすかったりします。

選択したセル範囲を印刷する場合、同じシート上であれば、複数の範囲を選択していても、1回の印刷指示でそれぞれ別の用紙に印刷されます。

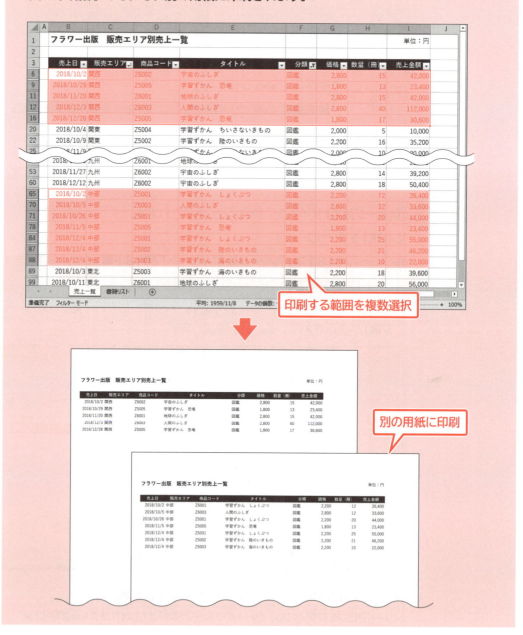

File Open ブック「7-6」を開いておきましょう。

操作 1つ目の範囲を選択→ Ctrl を押しながら、2つ目の範囲を選択→《ファイル》タブ→《印刷》→《作業中のシートを印刷》→《選択した部分を印刷》